圖解
雞尾酒技法

「Bar Noble」
「Grand Noble」 「BAR ORCHARD GINZA」

山田高史 ◇ 宮之原拓男

積木文化

近年來，雞尾酒的世界有了非常顯著的進化。

由於全球飲食趨勢的影響、料理科學的發展，以及各式機器推陳出新，每天都有新口味雞尾酒和嶄新呈現方式誕生。

然而，所謂雞尾酒，只要將搖酒器和刻度調酒杯等基本工具運用自如，並且懂得配合愛酒人的喜好，本來就可能創造出無限口味。

對於邁向上述境界的第一步，本書將分成基本技巧及味道調配方法等兩個部分來說明。

我們這次請到「Bar Noble」和「Grand Noble」的山田高史先生及「BAR ORCHARD GINZA」的宮之原拓男先生為我們進行技術指導和解說，山田先生負責講解前半部的經典雞尾酒，宮之原先生負責解說運用新鮮食材製作的雞尾酒。

前半部將詳細解說工具的拿法與搖法，以及各技法的基礎和變化。後半部則針對新鮮食材的運用及如何帶出其味道進行說明。

前後兩部分皆是在長久流傳至今的知識中加入獨創的想法，並根據合理的邏輯組織而成，最後再經過反覆驗證，讓各個技法得以進化、發展。

本書不僅適合今後想進軍酒吧業界的後進之輩，對於「幾乎不調製經典雞尾酒」或覺得「處理新鮮水果太麻煩」的業界人士來說，更是不容錯過。

希望兩位世界頂級調酒師的經驗和構思能夠對讀者有所幫助。

柴田書店　書籍編輯部

本書介紹的雞尾酒

經典雞尾酒及延伸創作 ➜ p.50

新加坡司令
Singapore Sling

鹹狗
Salty Dog

壯麗日出
Great Sunrise

威士忌沙瓦
Whisky Sour

霜凍黛克瑞
Frozen Daiquiri

法蘭西集團
French Connection

賽澤瑞克
Sazerac

熱奶油蘭姆拿鐵
Hot Buttered
Rum Latte

紅海盜
Red Viking

北極捷徑
Polar Short Cut

莫吉托
Mojito

琴湯尼
Gin & Tonic

美國佳麗
American Beauty

傑克玫瑰
Jack Rose

亞歷山大
Alexander

往日情懷
Old-Fashioned

瑪格麗特
Margarita

雪白佳人
White Lady

側車
Sidecar

馬丁尼
Martini

曼哈頓
Manhattan

白蘭地火焰
Brandy Blazer

竹子
Bamboo

運用新鮮食材調製 ➜ p.80

琴湯尼
Gin & Tonic

血腥瑪麗
Bloody Mary

莫斯科騾子
Moscow Mule

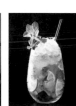
莫吉托
Mojito

香蕉黛克瑞
Banana Daiquiri

提吉亞諾
Tiziano

貝里尼
Bellini

無花果雞尾酒
Fig Cocktail

蘋果雞尾酒
Apple Cocktail

柿子雞尾酒
Persimmon Cocktail

李奧納多
Leonardo

金柑琴湯尼
Kumquat
Gin & Tonic

火龍果雞尾酒
Dragonfruits
Cocktail

蘭姆‧百香果‧
往日情懷
Rum Passionfruits
Old-Fashioned

C<small>ontents</small>

本書使用方法
○動作的順序、步驟等,皆是以右撇子為範例進行解說。
○份量的單位標示如下:
　1 tbsp. 約 15ml、1 tsp. 約 5ml、1 dash 約 1ml、1 drop 約 1/5ml。
○果汁指的是新鮮現榨的果汁。
○溫度的參考值為冷凍約－15℃、冷藏約 5℃,常溫則約 15℃。
○材料中,包含日本及台灣未販賣或已停售的產品。此外,有時可能省略
　其名稱的一部分,或是以業界通稱表示。
○本書內容係以 2018 年 9 月底的出版時狀況為準。

Standard

探究經典雞尾酒

搖盪法
Shake

用於急速混合及冷卻材料，並且使酒體飽含空氣。對於比重差異大而難以相融的材料，此技術能夠將其快速混合，還能使烈酒的口感渾厚，喝起來更順口。

用最小力量產生最大效果的搖法

搖盪法的原則，是將身體的運動有效率地傳達至搖酒器（shaker），使該運動迅速作用於搖酒器內的冰塊和液體，進而讓雞尾酒呈現「充分混合、冰鎮，且富含空氣」的狀態。搖盪時，並非全靠力氣，重要的是找到搖酒器中心點（如翹翹板的支點般，重力達到平衡的點），並讓該點不偏不倚地描繪出正確的軌跡（第 13 頁）。只要隨時謹記「用最小力量產生最大效果的搖法」，不僅能夠提升雞尾酒的水準，動作也會逐漸穩定，進而減輕對身體造成的負擔。對於搖盪法，首要之務就是確實掌握基礎，之後再自由增添變化。

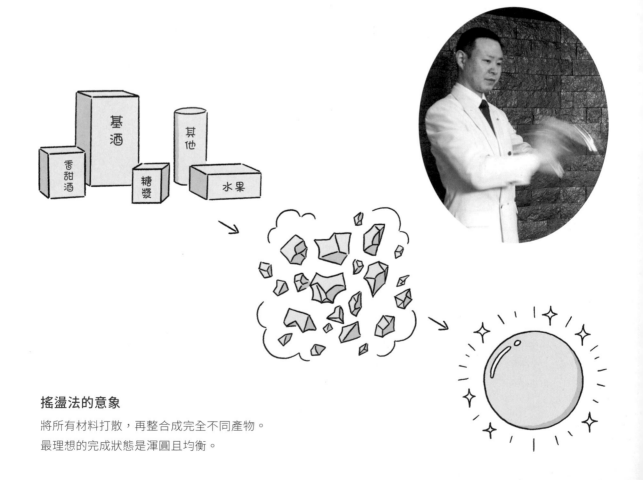

搖盪法的意象

將所有材料打散，再整合成完全不同產物。
最理想的完成狀態是渾圓且均衡。

◇工具

右圖：用途廣泛的三件式搖酒器。最上方的頂蓋（上蓋）是整個搖酒器的蓋子，倒酒時會取下。中間的過濾蓋（中蓋）上方有濾孔，用於濾除冰塊和雜質。最下方的杯身（主體）是搖酒器容納材料及冰塊的本體。

左下圖：吧叉匙（bar spoon）的中間部分為螺旋設計，兩端分別是湯匙與叉子，湯匙端用於混合及計量，叉子端用於處理副材料。

右下圖：量杯（measure cup）一般為 30ml ／ 45ml 的組合。

品牌 ‧ 規格等：
搖酒器　YUKIWA　B 型
吧叉匙　NARANJA　金色
量杯　YUKIWA　U 型（有刻度）

頂蓋
過濾蓋
杯身

三件式搖酒器

吧叉匙　　　　　量杯

◇搖酒器的拿法

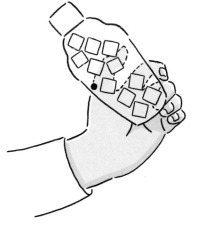

A

搖酒器的上方朝向自己，以右手大拇指按住頂蓋。接著，將食指放在過濾蓋上，中指、無名指則置於杯身，輕輕貼著表面即可。最重要的是需以左手大拇指根部（右圖 A）支撐搖酒器的中心點，然後把左手食指放在杯身下緣，並用中指拖住杯身底部。左手的無名指及小拇指不接觸搖酒器。

搖酒器中心點的位置，大約在過濾蓋濾孔部分和杯身底部的中間。液面介於搖酒器的 1/4 ～ 2/5。一般是以左手大拇指根部（右上圖 A）來支撐中心點，但是，在採用扭轉式搖盪法時，這裡就會變成「支點」，成為搖酒器扭轉的軸心。

◇ 搖酒器的開關方法及斟酒方法

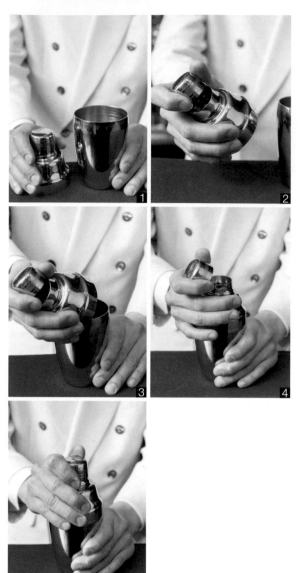

1 準備時，先把杯身放在正中央，過濾蓋和頂蓋則於右側。2 將材料和冰塊放入杯身，一面用右手拿起過濾蓋和頂蓋，一面用大拇指和食指取下頂蓋。3 從斜上方將過濾蓋蓋上杯身。4 頂蓋繼續保持分離狀態，並確實蓋緊過濾蓋。5 以同樣的方式，從斜上方蓋上頂蓋。假如同時蓋上過濾蓋和頂蓋，會造成搖酒器內的氣壓升高，使酒液在搖盪過程中滲漏，或是相反地導致頂蓋打不開等情況。

1 用右手壓住杯身和過濾蓋，左手打開頂蓋。2 右手食指持續壓著過濾蓋，接著倒置搖酒器，使酒液流入酒杯中。由於最後幾滴會變得十分稀淡，應在其落入杯中前停止斟酒。整個斟酒過程，頂蓋一直拿在左手上。

◇ 站姿、架勢

◆ 面向 30 度角站立

雙腳略為向外打開，左腳稍微向前。面向與正面呈 20～40 度角的方向，肩膀放鬆，自然地站好。

◆ 搖酒器拿到左胸前

將搖酒器橫置，頂蓋面向自己，並拿到左胸前，搖酒器與身體距離約 1 個拳頭。這是搖盪開始與結束的姿勢。

◆ 注意身體軀幹

搖盪時，應時時留意身體軀幹，使身體軸心保持筆直。只要記得保持雙肩略向後壓、打開胸膛的姿勢，就能展現出端正凜然的美麗姿態。

原則上，身體和臉朝向同方向。
搖酒器搖盪的方向，則是以左胸
為出發點，介於正面往左 45 度
之間的範圍。

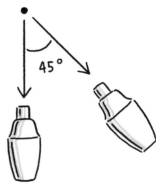

基本搖盪法（一段式搖盪法）

拉近

◆ 從「拉」的動作開始

從第 11 頁的準備姿勢開始，先往胸口拉近，直至幾乎碰到胸口。只要留意這個「拉」的動作，即可達成有效率且線條悠長的搖盪。

◆ 自然地往內擺動手腕

做拉近的動作時，輕輕往內擺動手腕，即可藉由冰塊和液體的重量自然地使搖酒器頂蓋朝下（並非完全上下顛倒）。請妥善運用此手腕動作來搖盪搖酒器。

搖出

◆ 呈「直線」搖出

確實地朝胸口拉近後，略為朝下地呈直線搖出。搖出時，搖酒器中心點的移動軌跡若呈弧形（半圓狀），不僅速度會降低，力道也會流失，所以應當避免。隨著搖出動作，向內擺動的手腕也同時回到原本的位置。

◆ 擺動手肘與前臂

手腕隨著搖酒器的重量，自然柔軟地擺動即可。請妥善運用手肘與前臂，而不是只有擺動手腕，否則會對身體造成負擔。

◇ 搖酒器的移動軌跡

留意中心點的軌跡及搖盪速度

基本搖盪法（一段式）於「拉近」和「搖出」兩點之間來回時，搖酒器中心點的移動軌跡應保持筆直。確實使中心點在直線上移動非常重要，這不僅是最短距離，也是最能有效將力氣傳達至搖酒器的方式。習慣搖盪的動作後，請逐漸提升速度，練習到能夠以一定程度的高速輕柔地搖盪。

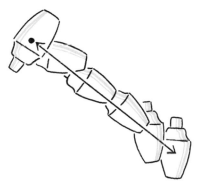

從正側方觀察的軌跡

從側面觀察即可了解，搖酒器中心點在直線上移動的同時，其本體也幾乎上下反轉了150～160度。兩者加乘之下，就能實現「用最小力量產生最大效果的搖法」。順帶一提，由於搖酒器本身有旋轉，所以會產生略呈弧線的殘影。

◇ 搖盪訓練

固定手肘的練習

一開始練習時，先從空的搖酒器著手，不放冰塊和液體。首先，把手肘撐在吧台等地方，在手腕固定不動的狀態下搖動搖酒器，並確認手臂是否能好好動作，搖酒器是否筆直移動。習慣之後，在搖酒器中裝入米，並將注意力轉移至搖酒器的中心點，同時進行搖盪動作。假如搖盪方法錯誤，所有米粒就會同時移動，發出沉悶的聲音。必須練習到米粒持續無中斷地發出輕快移動的「沙沙」聲，才算成功。

搖盪法的種類

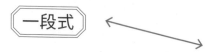

一段式

從這裡起步——基本搖盪法

一段式搖盪法是搖盪法的基礎。入門者建議從這個搖法起步，以學習正確的動作和節奏。本書中將與 4cm 立方冰一同做介紹。一段式搖盪法是藉由大冰塊表面對液體施加的壓力，使雞尾酒富含空氣，口感滑順。

二段式

現代酒吧的主流搖盪法

本書主要以二段式搖盪法為主。基於近年各大比賽高名次得獎者多採用此法等理由而具高度重要性。本書中為了因應快速的動作，選用 2cm 立方冰。此法是在一段式中加入往上的運動，能夠迅速冷卻並確實混合。

扭轉式

加入斜向扭轉的高階搖盪法

分別在一段式和二段式中加入斜向扭轉動作的搖盪法。適用於想釋出棕色烈酒（brown spirit）香氣，或是配方中含有大量糖漿或高黏度香甜酒（liqueur）等情形。此搖法會對手腕造成負擔，請特別注意。

波士頓式

適用於新鮮食材或液體量多時

採用大容量的波士頓搖酒器，適合直接在其中搗軋新鮮食材，或用於調製液體份量多的雞尾酒。由於搖酒器內的可動範圍寬廣，所以能夠輕鬆混合，並且使雞尾酒飽含空氣。本書介紹的是二段式波士頓式搖盪法。

搖盪法與冰塊的關係

4cm 立方冰 1 顆	只有 1 顆大冰塊時，由於總表面積小，所以不適合用於冷卻，但是能夠使雞尾酒富含空氣。冰塊每次推著液體跑，其龐大的表面都會造成壓力，使得氣泡十分容易進入液體。
4cm 立方冰 2 顆	適用於想讓雞尾酒飽含空氣，卻又希望盡可能避免稀釋的情形。在搖盪時加入扭轉動作，使冰塊行經整個搖酒器內部，即可輕鬆地充分冷卻、注入空氣，同時突顯材料香氣。
4cm 立方冰 3 顆	這個大小與數量的冰塊，在冷卻時不會破壞打發狀態的鮮奶油。3 顆冰塊同時在搖酒器內，幾乎是無法動彈的狀態，所以僅是讓液體在其周圍流動而已。因此，比起混合，更著重在冷卻。
2cm 立方冰	同時加入大量小冰塊時，冰塊所擁有的總表面積最大，因此可以達成絕佳冷卻效果。此時，適合採用動線悠長且速度快的二段式搖盪法，以讓冰塊不會全部聚集在一起，而是分散旋轉。

6 種搖盪法總覽

不同類型雞尾酒適合的搖盪法與使用冰塊、成品狀態之間的關係

		搖盪法	冰塊尺寸與個數	搖盪次數與時間	成品溫度	備註：材料溫度等
type1 雪白佳人 White Lady	混★★★★ 氣★★★ 冷★★★★ 難★★★	二段式	2cm立方冰 7～8顆	32次 8秒 (4次/s)	−3℃	琴酒為冷凍， 檸檬汁為冷藏。
type2 獅子座（原創雞尾酒） Leon	混★★★★ 氣★★★★ 冷★★★★ 難★★★★	二段 扭轉式	2cm立方冰 7～8顆	60次 15秒 (4次/s)	−2℃	蘭姆酒為冷凍， 檸檬汁為冷藏。
type3 鹹狗 Salty Dog	混★★ 氣★★★★ 冷★ 難★	一段式	4cm立方冰 1顆	21次 7秒 (3次/s)	6℃	伏特加為冷凍， 葡萄柚汁為冷藏。
type4 側車 Sidecar	混★★★ 氣★★★★ 冷★★★ 難★★★★	一段 扭轉式	4cm立方冰 2顆	45次 12秒 (3.75次/s)	0.2℃	白蘭地和檸檬汁為 冷藏，其餘為常溫。
type5 亞歷山大 Alexander	混★ 氣★★ 冷★★★ 難★	一段式	4cm立方冰 3顆	60次 30秒 (2次/s)	1.5℃	可可香甜酒為常溫， 其餘為冷藏。
type6 新加坡司令 Singapore Sling	混★★★ 氣★★★ 冷★★ 難★★★	二段 扭轉式	2cm立方冰 12～13顆	30次 11秒 (2.7次/s)	3.5℃	琴酒為冷凍，萊姆 汁和鳳梨汁為冷藏， 其餘常溫。

※ 混、氣、冷、難分別代表混合程度、富含空氣的程度、冷卻程度，以及難易度。
滿分為 4 顆星，★的數量越多，表示該程度越高。

上述 6 種類型雞尾酒的份量及狀態座標

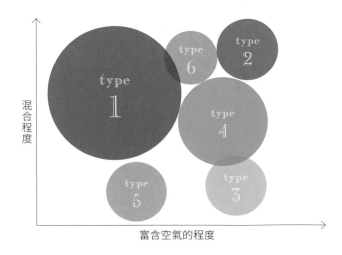

混合程度

富含空氣的程度

搖盪法中，超過 6 成是「二段式」，而「一段扭轉式」則逾 2 成。換言之，只要學會這兩種方法，就能夠調製出約 8 成的經典雞尾酒。然而，將此 6 種類型的雞尾酒個別獨立出來則有特定原因，下一頁開始詳細說明。

type 1
二段式

本書主要使用的搖盪法。
能夠確實混合、迅速冷卻。

二段式搖盪法，即是在基本的一段式搖盪法增添往上的動作。
此搖法的調製速度快，輕易就能混合內容物，而且應用範圍
廣，可謂不可或缺的重要搖法。適合用於材料相對容易混合的
雞尾酒，本書採用搖盪法的雞尾酒超過 6 成皆是使用此搖法。

— point —

- 一段式搖盪法增添往上的動作
- 往上及往下的軌跡皆為直線
- 注意保持軌跡穩定

重複拉近與搖出搖酒器的動作時，請注意每
次行經的路徑都應相同，並且回到固定位置。
儘管速度提升可能造成軌跡偏移，但只要反
覆練習，就能夠變得穩定。

採用二段式搖盪法的雞尾酒

雪白佳人、琴蕾、瑪格麗特、X.Y.Z.、俄羅斯三
角琴等眾多酒款。

搖酒器往上和往下的軌跡，不
論角度和長度皆大致相同，即
呈線對稱。只要使搖酒器的中
心點順著直線描繪，就能以最
小力氣產生最大效果。

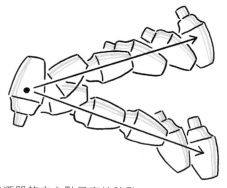

搖酒器的中心點呈直線移動，
搖酒器本身則是以其中心點為
軸心，進行旋轉運動。有了這
樣的旋轉，即使動作不大，也
能夠確實達到搖盪效果。

拉近

將搖酒器拉近至幾乎要貼到左胸口。拉近時，請把注意力集中在身體軀幹，避免晃動。此時，手腕稍微往內擺動。

向前上方搖出

向上搖出時，肩膀和手肘請保持自然的高度，不要過度上聳或上舉。而在拉近時往內擺的手腕，也應當自然地回到原位。

再次拉近

再次拉近到一開始的位置。搖盪時，不僅搖出的動作重要，拉回的動作也非常重要。請在液體和冰塊快要撞到搖酒器底部時將其拉回。

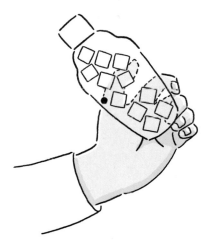

向前下方搖出

向下搖出的距離很容易不自覺地縮短，請特別注意。向上搖出和向下搖出的方式應當相同且均等。

為了使搖酒器在正確的軌跡上，一開始，請用左手大拇指根部確實支撐中心點。這是使搖盪動作穩定而有效率的第一步。

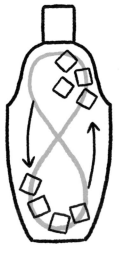

液體和冰塊
在搖酒器內的運動

正確的搖盪使冰塊在搖酒器內不會擠成一團，且呈大大的「8」字形移動，所以能夠確實混合材料及冷卻。為了因應快速的搖盪方式，選用 7～8 顆 2cm 的立方冰最佳。液體會和冰塊一起在搖酒器內大幅度移動，而稀釋作用也會同時進行，須多加注意。

type 3
一段式
（冰塊 1 顆）

能夠大量注入空氣，
使雞尾酒口感滑順。

要使雞尾酒飽含空氣時，這是第一優先的方法。由於其目的不在混合及冷卻，所以，需挑選容易混合的材料，並且事先將材料冷卻至一定程度。適用於調製鹹狗、血腥瑪麗等內含冰塊的長飲型雞尾酒。

搖盪動作和搖酒器的軌跡，皆同於基本的一段式搖盪法。搖盪時，請感受冰塊的存在感，以及張力加諸於液體的感覺，同時進行短距離搖盪。

┌── point ──

・動作與基本的一段式搖盪法相同
・注意支撐搖酒器的手部位置
・軌跡正確、有節奏地搖盪

動作同基本的一段式搖盪法（第12～13頁）。由於搖動方式簡單，所以能輕易地感受到其中冰塊和液體的動向，因此，對於穩定速度和保持正確軌跡來說，皆是很好的練習。

採用一段式搖盪法（冰塊 1 顆）的雞尾酒
鹹狗、血腥瑪麗、飛行等。

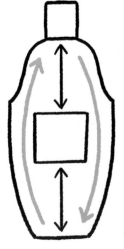

液體和冰塊
在搖酒器內的運動

單獨 1 顆 4cm 的大冰塊，能夠在搖酒器內自由移動，液體也能同時自在流竄。冰塊越大，代表推動液體流動的表面積越大。因此，只要善用此特性來對液體施加壓力，即可輕鬆將空氣注入雞尾酒。

type5
一段式
（冰塊 3 顆）

動作與基本的一段式搖盪法相同。
僅用於添加打發鮮奶油的雞尾酒，屬特殊方法。

這個方法的目的在於避免破壞打發鮮奶油的泡沫，同時進行冷卻。所以，搖盪速度要慢、距離要短，以在不破壞細緻泡沫的情況下，慢慢地讓液體在冰塊之間流動。適用於綠色蚱蜢、亞歷山大等奶油類雞尾酒。

搖盪動作和搖酒器的軌跡，皆同於基本的一段式搖盪法。搖盪時，請緩慢而長距離地搖盪，以避免破壞泡沫。

┌─ point ─────────────────────┐

・動作與基本的一段式搖盪法相同
・鮮奶油打至 9 分發
・搖盪的速度較使用 1 顆冰塊時來得慢且距離長

為了不破壞泡沫，搖盪時速度慢且距離長。鮮奶油先打至 9 分發，並與其他材料混合後，再放入搖酒器內搖製。這種方法能使泡沫持久，而且確實冷卻，口感也不會變得稀淡。

└──────────────────────────────┘

採用一段式搖盪法（冰塊 3 顆）的雞尾酒

綠色蚱蜢、亞歷山大、金色夢幻等。

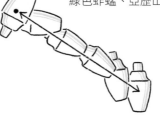

鮮奶油打至 9 分發
的狀態。

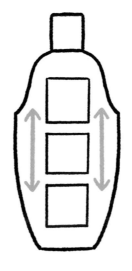

液體和冰塊
在搖酒器內的運動

在搖酒器內裝入 3 顆 4cm 的立方冰後，冰塊幾乎無法動彈，僅有液體在其周圍流動。由於冰塊固定不動，所以不會破壞泡沫，也由於冰塊數量多，所以能夠確實冷卻。

type4
一段扭轉式
（冰塊 2 顆）

一段式搖盪法增添斜向扭轉動作。
棕色烈酒不可或缺的搖法。

在一段式搖盪法加入扭轉動作（角度），能夠使冰塊接觸到整個搖酒器內部空間，雜亂地推著液體跑，達到確實混合並冷卻的效果。這種搖法也會讓酒體富含空氣，促使棕色烈酒的香氣飄散開來。欲展現棕色烈酒的獨特風味時就適用此搖盪法，例如側車、蜜月等。

point

- 增添以支點為軸的扭轉動作
- 注意搖動時的手臂姿勢
  （別過度被扭轉動作牽著走）
- 讓冰塊接觸整個搖酒器內部空間
- 軌跡上下幅度略小於基本的一段式搖盪法

以左手大拇指根部作為「支點」，並加入扭轉動作。操作順序是在拉近時小幅度地左右交互扭轉，然後往斜向（對角線）搖出。其軌跡的上下幅度略小於基本的一段式搖盪法，所以往左右搖出的幅度不要太大，於快速搖盪時，應當看不太出有扭轉動作。姿勢保持柔軟，以免造成手腕負擔，只要隨著手臂的每一次拉近與搖出，自然運動手腕即可。

採用一段扭轉式搖盪法的雞尾酒

側車、蜜月、香榭大道、上海、譏諷者等。

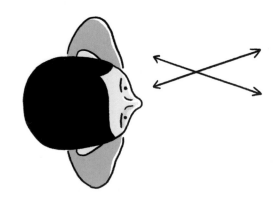

搖酒器中心點的軌跡

從上往下看時，搖酒器的軌跡會在身前 2/5 處交叉。整體而言，往左右搖出的幅度不要太大。

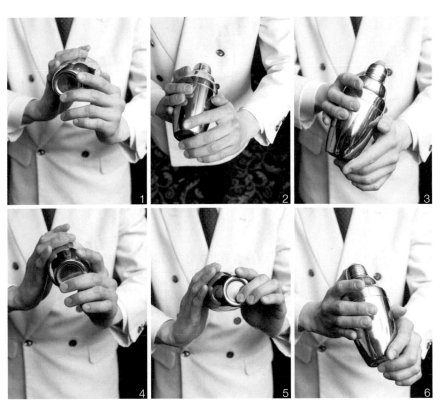

1. 把搖酒器拿到胸前，擺好架勢，然後一面朝身體拉近，一面稍微向左扭轉。2. 拉近後，往右斜前方搖出。3. 搖出時，將注意力放在搖出的軌跡，別過度被扭轉動作牽著走。4. 再次拉近，在回到胸前位置的過程中，調整至容易向左搖出的角度。5. 拉回胸前後，稍微向右扭轉。6. 然後往左斜前方搖出。

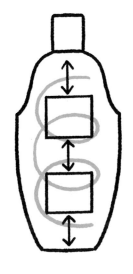

增添以支點為軸的扭轉動作

以左手大拇指根部（右上圖 A）為支點，加入往左和往右的扭轉動作。

液體和冰塊
在搖酒器內的運動

冰塊在直線移動時，同時進行螺旋狀旋轉，行經搖酒器的每個角落。2 顆 4cm 的立方冰會一面旋轉一面觸及搖酒器底部，所以比普通的一段式搖盪法更容易產生氣泡。即使長時間搖盪，稀釋程度相對來說較為和緩。

type 2
二段扭轉式

二段式搖盪法增添扭轉動作，
適用於融合難以混合的材料。

在二段式搖盪法加入扭轉動作（角度），能夠使酒體富含空氣，同時達到確實混合並冷卻的效果。當糖漿或高黏度香甜酒等難以混合的材料份量多於 10ml 時，就適用此搖盪法。此法動作複雜，會對手腕造成較大負擔，請多加注意。

point

- 增添以支點為軸的扭轉動作
- 手腕保持柔軟
- 注意搖動時的手臂姿勢
  （別過度被扭轉動作牽著走）
- 讓冰塊接觸整個搖酒器內部空間
- 冰塊呈現四處亂撞的感覺

由於是在上下移動中加入左右扭轉動作，所以搖出時會變成往左上和往右下的組合。這種搖法同時具備混合、冷卻和注入空氣的功效，因此幾乎適用於所有雞尾酒，然而，它也會對手腕造成負擔，所以非必要請盡量減少使用。

採用二段扭轉式搖盪法的雞尾酒

所有參賽用的原創雞尾酒等，材料難以混合、酒譜複雜或難度高的雞尾酒。

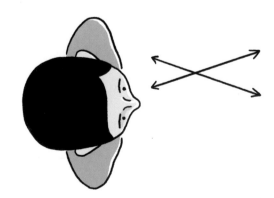

搖酒器中心點的軌跡

從上往下看時，兩條直線會在身前略偏離中心點的位置交叉。如同一段扭轉式搖盪法，請避免往左右搖出的幅度過大。

1 把搖酒器拿到左胸前，擺好架勢，然後一面朝身體拉近，一面稍微向右扭轉。**2** 拉近後，往左上方搖出。**3** 搖出時，將注意力放在搖出的軌跡，別過度被扭轉動作牽著走。**4** 回到原本位置，這次改為一面拉近，一面稍微向左扭轉。**5** 從拉近後的位置往右下方搖出。**6** 往上和往下搖出的幅度相同，搖盪軌跡的角度比 股二段式搖盪法要來得小。

增添以支點為軸的扭轉動作

以左手大拇指根部（右上圖 A）為支點，加入往左和往右的扭轉動作。

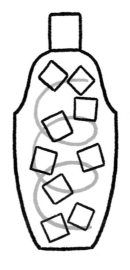

液體和冰塊
在搖酒器內的運動

冰塊分散四處，大幅度地上下移動，同時進行螺旋狀旋轉動作。選用 7～8 顆 2cm 的立方冰，以配合快速而細膩的搖盪動作。搖盪時，請感受冰塊具速度感的移動方式，以及搖酒器內複雜的混合狀態。

type 6
波士頓式

使用波士頓搖酒器進行搖盪，
能夠使雞尾酒富含空氣，口感柔順。

由於波士頓搖酒器的容量大於一般搖酒器，所以能夠為雞尾酒注入大量空氣，使香氣更加突顯，也能降低酒精的刺激感，進而讓雞尾酒圓融順口。適用於使用新鮮水果以及液體量較多的雞尾酒。

point

- 中心點放在左手掌根部附近
- 盡可能快速搖盪
- 充分運用搖酒器內的空間
- 搖酒器本身的旋轉幅度不大

軌跡相同於二段式搖盪法。搖盪時，以左手掌根部的右側作為中心點，並且充分運用波士頓搖酒器內部的寬廣空間。搖酒器若呈縱向移動，材料就會積在品脫玻璃杯（pint glass）那一頭，所以搖盪路徑應當接近橫向。此外，品脫玻璃杯易碎，請小心操作。

拉近

將搖酒器拿至胸前，擺好架勢，然後往身體拉近。由於搖酒器很大，所以無需上下顛倒，而是要充分運用其內部空間。

向前上方搖出

搖出時，手臂不要完全伸直，盡量讓搖酒器中心點的移動軌跡保持在直線上。

再次拉近

觀察液體和冰塊的移動，確認是否充分運用到整個空間，同時回到原來的位置。如同一般二段式搖盪法，拉近的動作也非常重要。

向前下方搖出

由於搖酒器的容量大，所以並非往下搖盪，而是偏向水平略往下的方向搖出。倘若搖出動作做得不徹底，就無法確實混合。

◇ 波士頓搖酒器的操作方法

閉合方法

1於 TIN 杯裝入材料，再拿品脫玻璃杯從斜上方蓋住。**2**雙手往相反方向轉緊，並輕敲上方，接著，確認是否確實閉合。拿起搖酒器，使其上下顛倒，讓玻璃杯端在下面，然後開始搖製。

打開、倒酒方法

1把搖酒器拿在手上，並使品脫玻璃杯往自己的右側傾斜。接著，以右手掌外側輕敲 TIN 杯上緣右側，再以扭轉的方式取下玻璃杯。**2**蓋上濾冰器（strainer）並用右手食指壓住後斟酒。

 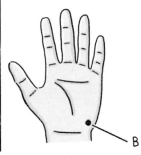

B

拿法

左手食指扣住 TIN 杯底部，其餘手指支撐著 TIN 杯。右手則只有食指在 TIN 杯上，並用其餘手指拿著品脫玻璃杯。利用左手掌根部的右側（右上圖 B），支撐整個搖酒器的中心點。

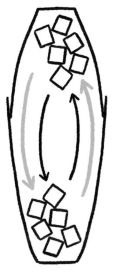

液體和冰塊
在搖酒器內的運動

冰塊在空間寬廣的搖酒器內部大幅度地環繞，不會過度聚集在一起。由於可動範圍大、容易混合，所以需特別注意冰塊和液體的比例。於本書中，使用的是 12～13 顆左右的 2cm 立方冰。

攪拌法
Stir

對於相對容易混合的材料，攪拌法能夠在避免給予其強烈刺激的情況下，進行混合及冷卻。適用於欲展現材料原有味道和香氣時，或是想使口感更加辛辣（dry）的時候。

講求謹慎與縝密的混合方式

所謂攪拌法，是藉由吧叉匙讓冰塊流暢地旋轉，透過冰塊的運動來混合並冷卻液體。任何瑣碎細節都可能對成品造成大幅差異，所以，謹慎而縝密的操作至關重要。有別於口感傾向柔順、清爽的搖盪法，攪拌法的特徵在於能夠展現材料本身的味道和香氣，口感偏辛辣，富層次而有深度。因此，最重要的就是找到完美平衡點，讓酒在被稀釋的同時，仍保留攪拌法的特徵，不僅要達到雞尾酒應有的完成度，也必須保有材料原本的味道。於攪拌時，務必仔細觀察液體的變化。請找出每種雞尾酒的混合度、冷卻度和稀釋度皆達到最佳狀態的交叉點。

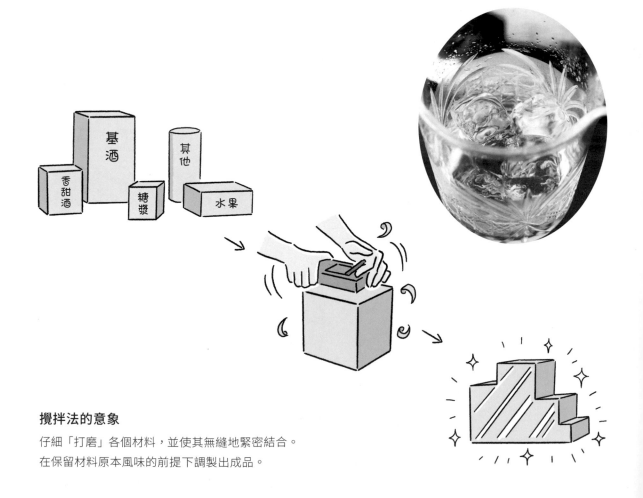

攪拌法的意象

仔細「打磨」各個材料，並使其無縫地緊密結合。
在保留材料原本風味的前提下調製出成品。

◇ 工具

左圖：刻度調酒杯（mixing glass）是用於攪拌的大型玻璃杯，穩定性和口徑尺寸十分重要。請根據濾冰器的相容性和使用的冰塊大小，來挑選最適合的規格。**中圖**：吧叉匙，與搖盪法篇介紹的樣式相同。使用前後將其放在裝滿沖洗材料用水的玻璃杯內。此玻璃杯中的水需經常更換。**右圖**：濾冰器的功用是蓋住刻度調酒杯杯口以按住冰塊，僅將液體斟入酒杯。

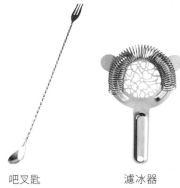

刻度調酒杯　　　　　吧叉匙　　　　　濾冰器

◇ 吧叉匙的拿法、旋轉方法

1 2 在吧叉匙前端（接觸吧台的部分）往上約2/3 處，用大拇指和食指拿著，並以無名指支撐內側（與大拇指同側），其餘手指輕輕放在吧叉匙上。中指和無名指前後移動，同時借助吧叉匙上的螺紋快速轉動。

手臂和手腕保持固定，以大拇指和食指為支點，使用中指和無名指做前後運動，如此即可轉動吧叉匙。習慣後，即使快速攪動，中心點也不會偏移，自然就能描繪出漂亮的圓錐形。

◇ 冰塊的堆疊法

將冰塊毫無間隙地放入刻度調酒杯，接著倒入材料，冰塊剛好略超出液面為最佳狀態。假如冰塊太多，就會因為多餘的冰塊接觸刻度調酒杯內側而導致過度稀釋，反之，假如冰塊太少，則會使得混合力道不夠，難以達到冷卻效果。本書係選用大量 2cm 立方的小冰塊，所以表面積大，冷卻和稀釋都得以有效率地進行。請基於上述考量，找出各種雞尾酒最適合的攪拌速度和次數。

基本攪拌法

◇ 攪拌法的步驟

1 將刻度調酒杯置於中央，尖嘴朝向左邊，濾冰器放在右手邊。**2** 冰塊除霜（參照下方說明）完成後，放入材料，並以左手固定刻度調酒杯的底部，接著，輕輕地插入吧叉匙，開始攪拌。**3** 吧叉匙背部緊貼著刻度調酒杯內側，流暢地滑動（為清楚拍攝而使用空杯）。攪拌時，不會使用到手臂和手腕，只單憑手指前端轉動吧叉匙。攪拌完成後，輕輕拿出吧叉匙。**4** 用濾冰器蓋住刻度調酒杯（握柄與尖嘴朝向反方向），並將雞尾酒倒入酒杯。**5** 倒酒時，用右手食指按住濾冰器。為了避免手的溫度導致酒體溫度上升，請盡量只用指尖拿取刻度調酒杯。

◇ 冰塊的除霜方式

1 把冰塊放入刻度調酒杯，並用噴霧瓶噴水（軟水）約 3～4 下，到冰塊濕潤的程度即可。**2** 用吧叉匙輕輕攪拌，藉此清洗冰塊表面，除去附著於表面的霜和小碎冰，待刻度調酒杯也稍微冷卻後，蓋上濾冰器並確實瀝乾水分。

攪拌法的分類

根據材料在混合上的難易度、風味走向等因素,共分成 5 大類。

※ 攪拌次數／時間／成品溫度

材料彼此之間容易混合

- 最容易混合 ——————————— 竹子等
  範例:竹子　材料全數冷藏
  11 次／17 秒／－ 1.8℃

- 相對容易混合 ——————————— 曼哈頓、卡蘿等
  範例:曼哈頓　材料全數冷藏
  13 次／14 秒／3℃

材料彼此之間難以混合

- 材料多且黏度高 ——————————— 北極捷徑、巴黎人等
  →預調
  範例:北極捷徑　僅苦艾酒冷藏
  12 次／17 秒／3℃

- 使用冷凍烈酒 ——————————— 吉普森等
  →攪拌時間稍微拉長
  範例:吉普森　琴酒冷凍、苦艾酒冷藏
  15 次／20 秒／－ 3℃

- 使用砂糖等固態材料 ——————————— 賽澤瑞克等
  →急速攪拌
  範例:賽澤瑞克　材料全數常溫
  50 次／18 秒／4℃

關於預調

於攪拌之前先利用聞香杯(snifter)等混合材料,就稱為預調,例如上表中的北極捷徑。預調的優點在於能夠均勻混合高黏度材料,而且在預調階段就能確認味道,還能將冰塊溶水率降至最低。除此之外,將鮮奶油或蛋白另外打發,或者將冰鎮後的材料移至常溫玻璃杯,使其溫度上升或讓材料接觸空氣,以促使釋出香氣的晃杯手法(swirling)等,廣義而言同樣屬於預調。不僅攪拌法,預調還能運用在其他技法上,而且目前有越來越廣泛使用的趨勢。雖然會讓程序稍微複雜些,卻能享受截然不同的成果。

直接
注入法
Build

泛指直接將材料倒入酒杯中進行調製的調酒風格。採用此調酒方式的目的和手法林林總總，共通技術不多，不過這種方式不僅能充分運用技法，還能徹底發揮材料特性。

各類雞尾酒採用的技法、材料處理方式總整理

任何不使用搖酒器等器具，直接將材料倒進玻璃杯來調製雞尾酒的方法，統稱為直接注入法。由於程序簡單且步驟少，所以除了技法要純熟之外，還需要確切掌握包含冰塊之各種材料的性質，並且根據目的帶出和善用該材料的特性。應混合、冷卻到什麼樣的程度？是否需要稀釋？綜觀味道及香氣的突顯方法，以及質地、視覺等層面，針對材料溫度控管和冰塊選用做出判斷，然後找出最適合的技法。

直接注入法 4 大類型

碳酸類	使用蘇打水、通寧水、薑汁汽水等，具清涼感的雞尾酒。這類雞尾酒是利用碳酸的發泡性來混合材料，但在調製時，仍需留意倒入材料和混合的方式，避免碳酸氣體流失。	(例) 威士忌蘇打 琴湯尼 莫斯科騾子 莫吉托
加水、果汁類	利用水或果汁等來稀釋的雞尾酒，喝起來順口好入喉，十分受到歡迎。由於各材料之間比重不同，例如果汁和黏度高的香甜酒等特別容易沉到杯底，所以需確實混合。	(例) 加水黑醋栗香甜酒 螺絲起子 血腥瑪麗 邁泰
預調	事先用聞香杯或電動攪拌器等器具混合材料的步驟都屬於預調，主要目的是混合難以混合的材料，或促使香氣釋放等。採用直接注入法時，經常會運用在純加冰塊（on the rocks）的酒款上。	(例) 鏽釘子 教父（教母） 法蘭西集團
漂浮	此手法係利用比重差異，使酒層疊於另一種酒之上，或是讓酒漂浮在水或果汁上方，進而形成漸層。在調製多種酒層層相疊的雞尾酒時，請事先確認各種酒的提取物比重＊。	(例) 漂浮威士忌 美國檸檬汁 彩虹

＊譯註：依據日本酒稅法，100cc 的酒液在 15℃下所含有的非揮發性成分（糖分、糊精、乳酸等）之重量（克）。

各類型的調製步驟和重點

◇ 碳酸類
利用碳酸的發泡性來混合。
請小心避免碳酸氣體流失。

point

・避開冰塊，慢慢地倒入酒杯
・切勿過度攪拌，以免碳酸氣體流失
・使材料確實冷卻

1 於酒杯放入 3 顆立方冰，接著倒入基酒，並輕輕地攪拌以幫助冷卻。然後，避開冰塊，從酒杯邊緣開始慢慢地倒入碳酸飲料。只要往已在酒杯內的基酒倒，就能夠均勻混合。**2** 用吧叉匙由下往上將冰塊托起，並上下移動 2 ～ 3 次，藉此進行混合。**3** 輕輕地拿出吧叉匙。

◇ 加水、果汁類
確實攪拌以避免酒或果汁往下沉澱。

point

・倒入酒杯時避開冰塊
・從酒杯底部開始仔細攪拌
・使材料確實冷卻

1 倒入材料時，請避開冰塊。將冰涼的水或果汁朝著已裝入杯中的酒等液體倒入，即可產生對流效應，進而提高混合效率，同時降低稀釋程度。**2** 將吧叉匙從接近杯底處到液體上緣之間上下來回移動 3 次左右，藉此促進對流，使混合更確實。

◇ 預調
（純加冰塊）

使基酒釋放香氣，
形成滑順口感。

- 使酒體接觸空氣以突顯香氣
- 利用離心力來混合
- 選用球型冰塊等不易融化的冰塊

1 2 將材料倒入預調專用聞香杯中，手拿住杯腳，往逆時鐘方向搖轉。**3** 待確實混合並散發香氣後，倒入已放好冰塊的古典杯（rocks glass）中。**4** 稍微攪拌一下，藉此進一步混合均勻和冷卻。選用不易融化的球型冰塊，就能長時間享用烈酒原有的美味。

◇ 漂浮

利用比重差異
使酒體分層。

- 運用吧叉匙的內面
- 從比重較大（不揮發性成份較多）
  的材料倒起

1 將瓶口抵在吧叉匙內面，慢慢地倒在杯中的液體上。相較於使用吧叉匙背面，使用內面更容易控制倒入的量。**2** 從比重最大（較重）的材料開始倒入，然後依序倒入較輕的材料，如此即可使酒體分層。有時也會反向操作，讓比重最大的液體在最後往下沉，進而形成漸層。

電動
攪拌法
Blend

此技法係使用電動攪拌器，藉由機械的強勁力道進行攪拌。能夠快速地打碎並混合材料，適用於霜凍類（frozen）雞尾酒和使用新鮮水果等材料的雞尾酒。

找出細粒碎冰最適當的量

電動攪拌法即利用機械大力粉碎並混合材料的技法。於調製口感細膩的霜凍類雞尾酒時，尤其不可或缺。此技法大致分為使用冰塊的霜凍類雞尾酒，以及使用蔬果等其他材料的雞尾酒。霜凍類雞尾酒的關鍵在於細粒碎冰的量，這就好比法國料理中「醬汁內的奶油量」，假如奶油量過多，食物就會變得味道過重、容易膩，量太少又會導致濃度不夠、稀稀水水的，味道無法融為一體。因此，最重要的就是找到其間恰到好處的份量。

◆ 加冰塊的類型

適用於霜凍瑪格麗特和霜凍黛克瑞等霜凍類雞尾酒。

・酒精濃度
一般而言，酒精濃度越高的雞尾酒質地越滑順，因此，請透徹瞭解理想中的口感與酒精濃度之間的關係。特別是無酒精容易使冰塊變硬結塊，請特別注意。

・材料含水量
對於內含水果的雞尾酒，需注意當使用香蕉、芒果和無花果等水分含量少的水果時，冰塊若太多質地會變稠，所以請盡量減少冰塊用量。

・味道調節
把材料和冰塊一起放進電動攪拌器攪打的道理就跟加水一樣。因此，口味需調重一點，以避免成品味道稀淡。

◆ 不加冰塊的類型

適用於血腥瑪麗和威士忌沙瓦等雞尾酒，前者是先用電動攪拌器攪打伏特加和蕃茄，再利用搖盪法冷卻；後者則是添加打發過的蛋白。屬於預調的一種。

◇ 工具

市面上的電動攪拌器選擇豐富，有桌上型，也有易於清潔的手持型等，只要是能夠打碎冰塊且使用順手的皆可選用。左圖之手持型電動攪拌器所調製出的霜凍型雞尾酒口感極為細緻，毫無碎冰殘留等不均勻的狀況。

◇ 電動攪拌法的步驟

於專用攪拌杯中放入材料，先攪打一下，然後根據味道加入適量的細粒碎冰。酒精和糖的量不足時，冰會變硬並結成一塊，於調製無酒精雞尾酒時，尤其需要注意。對於不加冰塊的類型，放入材料直接攪打即可。使用電動攪拌器時，為避免內容物噴散，請用左手壓住攪拌杯，這麼做也有消音效果。

調酒的收尾

透過各種果皮、裝飾物（garnish），以及糖口杯或鹽口杯（rimmed）等增添香氣的方法和裝飾，使雞尾酒更加賞心悅目，喝起來更順口。

◇ 噴灑果皮油脂
（果皮不放入酒杯）

藉由噴灑柑橘類果皮中的油脂（香味成分）來為雞尾酒增添香氣的作法，稱為噴灑（peel）或扭轉（twist）。用大拇指和中指捏住切成圓片狀的果皮外緣，再用食指支撐住果皮內側，並以食指指尖向前壓，藉此榨出果皮油脂。從酒杯杯緣下方往上噴灑果皮油脂，即可讓較重的苦味成分留在杯外，僅有香味成分往酒杯上方飄散。噴灑完之後，維持原姿勢順勢在酒杯上方畫半圓形。從正上方看起來，大約是從杯口靠身側的 1/4 處劃過。

◇ 扭轉果皮油脂
（果皮投入酒杯）

1 預先準備切成長條形的果皮。以避免苦味成分進入酒杯為前提，從距離酒杯約 5cm 的位置，用雙手扭轉果皮以增添香氣。**2** 將果皮投入酒杯。將果皮切成長條形是為了讓雙手得以確實榨出香氣，因此香氣十分持久。適用於湯姆可林斯等雞尾酒。

◇ 檸檬角

1 將切成彎月形的檸檬果肉部分朝下（朝向酒杯），並用右手的大拇指和食指、中指夾住兩端。**2** 用左手遮覆，以避免果汁四處噴濺。擠壓檸檬，並順勢投入酒杯中。

◇ 鹽口杯

1 用切開的檸檬剖面直接將果汁抹於杯緣。此時，請用左手固定檸檬，右手則轉動酒杯一周。
2 於小碟子中鋪上薄薄一層鹽，接著，一邊轉動方才沾好果汁的酒杯，一邊均勻地沾上鹽。整個操作過程中，酒杯的杯緣始終朝下，如此不僅能避免果汁流動，也能縮短作業動線。

酒杯杯緣微微沾上鹽的狀態。
鹽的顆粒大小（粗細）和沾取量，皆視雞尾酒種類來決定。

◇ 裝飾物

附加於雞尾酒上的物體皆稱為裝飾物，其對於雞尾酒的味道和香氣有不少影響。口感辛辣的雞尾酒經常使用橄欖，口感偏甜的則常使用櫻桃裝飾，請配合味道和視覺上的協調性來選用，並且附上小碟子和紙巾，方便吃完後使用。

◇ 冰杯

收到點單後，立刻將酒杯放入冷凍庫冰鎮。在調製雞尾酒的 1～2 分鐘內就可以確實達到冰鎮效果，所以無需長時間置於冰箱。冰杯的步驟一般是用在短飲型雞尾酒，不過對於未加冰塊的長飲型雞尾酒，事先冰鎮高球杯（tumbler）也是不錯的做法。

吧台內的器具配置　以「Bar Noble」為例

下圖是從客人座席角度無法看見的吧台內部，以及其下方冷凍庫和冰箱內的工具和材料配置狀況。使用頻繁的搖酒器和攪拌用工具放在接近中央的位置，其餘物品也是依照使用順手度來安排（圖示上方為客人座席位置）。

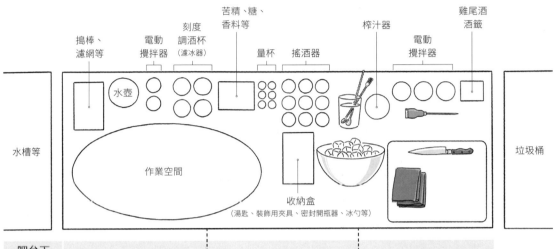

吧台下 置物空間	冷凍庫		冰箱	冰箱
上層	白色烈酒 （基酒）	閒置空間 （冰杯用）	新鮮果汁(檸檬、萊姆、葡萄柚等)、切好的水果、裝飾物類、鮮奶油、牛奶等	蘇打水、通寧水、薑汁汽水、可樂等
下層	冰塊類（依種類分袋裝） 細粒碎冰、2cm立方冰、 4cm立方冰、球型冰塊、 鑽石型冰塊等		啤酒、水等	棕色烈酒(基酒)、 雪莉酒、苦艾酒、 香甜酒等

簡潔俐落的動線

將於砧板上切好的水果，投入眼前的電動攪拌器，然後馬上將果皮等殘渣丟進旁邊的垃圾桶。如此毫無多餘動作的動線不僅能提高作業效率，也能節省時間。垃圾桶置於吧台深處，就不用擔心會擋到動線。

小型工具的收納

妥善收納使用頻率高的小型工具，同樣是提高作業效率的重點。選用內有分格且工具能夠直立擺放的收納盒，需要使用時就能直接拿取，十分便利。

前置作業
與副材料

對於調製雞尾酒來說，冰塊、柑橘類和香草等也是十分重要的元素。請務必有效率且謹慎地做好前置作業。

冰塊

冰塊的功用不只有冷卻，它同時也是混合液體的工具，而雕切冰塊可以說是顧客能夠直接看見的商品之一。冰塊成型後，請再放入冷凍庫半天～一天，藉此增加硬度，使其較不易融化。

◇ 工具的拿法

1冰錐（ice pick）：在熟練之前，請握住靠近錐尖處，僅稍微露出冰錐尖端。**2**熟練以後，則可以握在手把操作。操作時，切記將注意力放在錐尖上。**3**若想加快雕鑿球型冰塊等的速度時，三頭錐非常便利。

備妥用於切割大冰塊和為冰塊塑形的菜刀和小刀、營業時用於放置冰塊的瀝水盆及調理盆、冰勺、冰夾等。

◇ 立方冰

使用頻率最高的形狀。
本書使用的是 2cm 及 4cm 立方冰。

4cm 立方冰

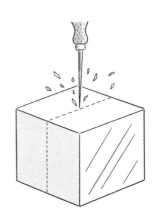

選用將 1 貫*大冰塊切成 16 等分的冰塊來製作。冰錐和菜刀的切割方法相同，皆是朝冰塊的紋路（結晶）垂直向下敲，使冰塊裂成兩半。迅速完成作業後，依種類分裝至堅固的塑膠袋內（夾鏈袋等），並保存於－ 20℃的冷凍庫中，使用前再升溫至－ 10℃。在冰塊確實冰凍、變得堅實後，使其溫度上升，處理起來更容易。

◆ 使用冰錐　　　　　　　　　　◆ 使用菜刀

2cm 立方冰

2 ～ 2.5cm 的立方冰，可以選用一般市售方塊冰，將其放入瀝水盆稍微用水沖洗一下，然後將尺寸符合的冰塊挑出來，並放入塑膠袋冷凍一晚，讓冰塊硬度提升後再使用。這個尺寸的冰塊適用於二段式搖盪法和所有攪拌法，是最常使用的尺寸。

＊譯註：「貫」為質量單位，1 貫冰的重量為 3.75kg，尺寸相當於兩塊剉冰用冰磚。

◇ 鑽石型冰塊

適用於純加冰塊類型的雞尾酒，
視覺上俐落而鮮明。

1 準備一塊立方體的冰塊，以菜刀從 4 個垂直面下方 1/4 處往內切。**2** 冰塊上下倒置，往內削除垂直面剩餘的 3/4，4 個面皆進行相同操作。**3** 切好後，上下共會產生 8 條線，請將其全部往內斜切。**4** 最後，修整頂部與底部，讓整體形狀達到平衡。使用之前將冰塊的溫度升高至 − 12℃左右，即可簡單去除表面的霜。

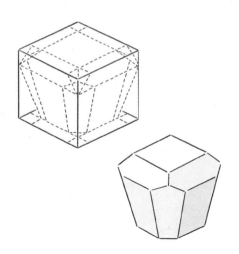

1　　　　**2**　　　　**3**　　　　**4**

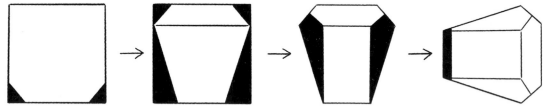

◇ 球型冰塊

最不容易融化的形狀。
適合純加冰塊喝法的美麗球體。

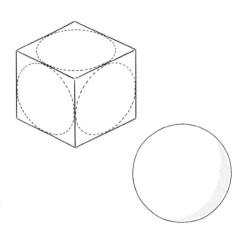

1 準備一塊立方體的冰塊，使用三頭錐削除所有稜角。**2** 一面轉動冰塊，一面將形狀調整至球型。**3** 利用小刀進一步修整，使整體無任何歪斜。**4** 稍微用水沖洗。沖洗時，讓冰塊在手中轉動，使其形成表面光滑的球體，接著放入冷凍庫再次冷凍變硬。

1   2   3   4

◇ 細粒碎冰

用於展現霜凍類雞尾酒
和莫吉托的沁涼感。

用碎冰機（ice crusher）打碎市售方塊冰來製作。若沒有碎冰機，也可以將冰塊放入堅固的塑膠袋內，並以毛巾包裹，然後用搗棒（muddler）等工具由上敲打至碎。

柑橘類等 主要副材料

柑橘類可用於裝飾和增添香氣，從果汁到果皮都能夠徹底運用。另外，本單元也歸納出其餘主要副材料。

除蠟

取調理盆裝水，使用濃度稀釋至 1/5 左右的中性洗劑搭配偏硬的海綿清洗表皮。像是要將外層磨除一般地刷洗，直到去除表皮黏膩。

◇ 果汁

留意榨汁方法，以避免產生苦味。切勿以用力扭轉的方式榨汁。

1 將檸檬縱向對半切，並以 V 形切法切掉果芯。**2** 先以刀尖在果肉上劃幾刀，讓果汁更容易擠出。**3** 將檸檬放上榨汁器的中央突起處，從上方向下輕柔的按壓。榨汁時，持續小範圍移動檸檬位置，以確實榨到所有果肉。倘若用力扭轉擠壓，就會產生苦味，所以請用由上往下按壓的方式。**4** 透過濾網倒入容器。

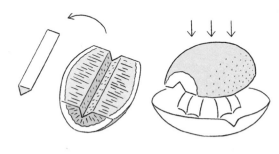

鳳梨

1 處理新鮮鳳梨時，請厚厚地切除外皮及白芯，然後切塊並放入壓汁器。若放太滿會造成擠壓困難，因此最多裝至一半即可。**2** 壓榨出汁後，透過濾網倒入容器。西瓜等水果也使用相同方式處理。

◇ 果角、果片 放入杯中或夾在杯緣上裝飾用，所以需使其呈現良好外觀。

1 切除檸檬頭尾，先縱向對半切，再分別縱向切成 4 等分的彎月形。**2** 切除中央白芯部分並去籽。**3** 於中央劃一刀。這麼做不僅榨汁時更好施力，果汁也更容易擠出。**4** 果片僅取用中央部分，請切成 1mm 左右的圓片。

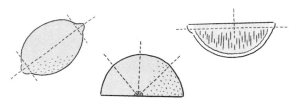

◇ 果皮 主要用於增添香氣。多採用檸檬和萊姆等來製作。

1 薄薄切下檸檬皮，並刮除內側會產生澀味的白色部分。不過，過度刮除白色部分也會讓果皮油脂難以擠出，所以需有些許殘留。**2** 修整成長條形（4 × 1cm）或圓形（直徑 2.5cm）等想要的形狀。

果皮類以稍微沾濕的廚房紙巾墊著，再放入密封盒中保存。

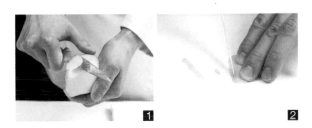

◇ 果皮捲 使用於往日情懷等雞尾酒的螺旋狀果皮。

1 切下略長的柳橙皮。**2** 修整成平行四邊形（9 × 1.5cm），並依所需在中央劃一刀。**3** 從兩端平均施力扭轉，使果皮呈現弧度和緩而清晰的螺旋狀。

◇ 螺旋狀檸檬皮

用於馬頸等雞尾酒。
使用一整顆檸檬的果皮做裝飾。

1 從果蒂端開始削皮，頂部稍微帶一點果肉。**2** 保持果皮連續不斷，呈螺旋狀削切，直到底部為止。**3** 切下果皮，修整兩側將寬度調整至 1～1.5cm。**4** 將果蒂部分掛在杯緣，然後像是沿著酒杯內壁描繪螺旋般，擺放剩餘部分。調製酒款時，先放入檸檬皮再倒入液體。

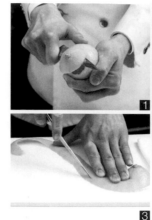

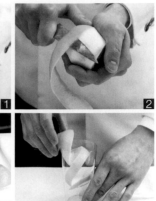

◇ 香草類（薄荷）

1 將薄荷放入瀝水盆，用流動水稍微清洗。**2** 確實瀝乾水分後，攤開置於廚房紙巾上，然後連同紙巾放入容器保存。由於莫吉托等雞尾酒需要使用大量薄荷，所以應預先備妥。

◇ 糖漿（自製）

細砂糖和水（軟水）的比例為 5：3。倒入鍋內以中火煮至小滾（避免沸騰大滾），待細砂糖確實溶解後熄火。冷卻後，裝入容器並放進冰箱保存。

◇ 調合苦精

將 Noord's 柑橘苦精（Noord's Orange Bitter）和安格式柑橘苦精（Angostura Orange Bitters）以 1：1 的比例混合後使用。適用於內格羅尼和泡泡等雞尾酒。

◇ 裝飾物

櫻桃類應先用清水沖洗，以去除附著於表面的糖漿。橄欖同樣會在使用前稍微清洗，以去除鹹味，不過有些雞尾酒會直接使用。Griottines 酒漬櫻桃則直接使用，以充分運用其獨特風味。

其他副材料

◇ 碳酸類

左起：蘇打水、通寧水、薑汁汽水。皆為本書作者山田參與開發之商品，來自於橫濱當地的汽水製造商「Orituru Cider」。

◇ 糖

左起：細砂糖、和三盆糖、上白糖。調製短飲型雞尾酒時，比起液狀的糖漿，和三盆糖更能夠提供濃厚好滋味。

◇ 鹽

左起順時針方向：松露鹽（用作松露馬丁尼的材料，以及抹在血腥瑪麗的杯口）、海鹽（瑪格麗特）、岩鹽（鹹狗、血腥瑪麗）。

◇ 乳製品

牛奶、鮮奶油、奶油等。適用於愛爾蘭咖啡、熱奶油蘭姆等寒冷季節特別受歡迎的熱雞尾酒，以及口感柔順的鮮奶油類雞尾酒。

◇ 香料

粉紅胡椒、丁香、肉桂、肉豆蔻。可用於香料熱紅酒等熱雞尾酒，或是在使用乳製品的雞尾酒中作為點綴。

◇ 其他

自製紅石榴糖漿、蛋、鮮奶油、咖啡豆，以及用於熱奶油蘭姆的調合奶油。

基本動作

光是行雲流水般的動作本身，就已經是酒吧的「商品」了。請透過反覆練習，令所有動作純熟而流暢。

◇ 開瓶蓋

1 左手扶在瓶頸處。**2** 右手握住瓶身，並以左手確實圈住瓶蓋。**3** 雙手同時往酒瓶外側轉動（右手往右轉，左手往左轉），流暢地轉開瓶蓋。**4** 瓶蓋保持夾在左手大拇指和食指之間，並用右手傾倒。

◇ 擦拭瓶口的方法

每次倒完，都應先用擦拭布擦拭瓶口後再蓋上瓶蓋。倘若瓶口黏膩，乾淨的濕毛巾是很方便的擦拭工具。

◇ 量杯的計量法及倒法

1 用食指和中指夾住量杯中間凹陷處，並以大拇指支撐下半部。此時，瓶蓋保持夾在手指間，為了正確計量，請確保量杯水平不歪斜。**2** 在盡量接近酒杯杯緣位置處，直接從酒瓶倒入量杯來計量。**3** 量杯從身前往外朝酒杯傾倒。**4** 接著，夾緊臂膀同時翻轉手腕，直到倒盡最後一滴為止。

◇ 吧叉匙的計量法

1 吧叉匙1匙（1tsp.）約為5ml。流暢地將液體倒入吧叉匙，並注意不要滿出來。**2** 湯匙的位置盡量保持固定，並將湯匙從身前往外翻轉倒出液體。

◇ 目測方法

直接目測而不使用量杯等計量器具的訓練也不可少。請觀察從瓶口或杯口等流出的液柱粗細、速度等，並利用感覺來記憶。

◇ 夾具的拿法

1 夾取吧台上之物品時的拿法。**2** 夾取位於水槽等吧台下的東西時，則採用此拿法。手肘勿上提，兩種拿法都應當練習到能夠敏捷夾取。

◇ 苦精瓶的拿法與倒法

1 苦精瓶的拿法，是以右手食指和中指夾住上半部，並用大拇指按住瓶蓋。**2** 左手固定刻度調酒杯，右手一鼓作氣地使苦精瓶上下顛倒。若需撒出數滴，就保持瓶身垂直並上下搖動。1次搖動（1 dash）約1ml，瓶身上下顛倒後自然落下的1滴（1 drop）約1/5ml。

◇ 搗棒的用法

搗棒為用於搗碎並混合水果、香料和香草的研磨杵。其本體的材質（木頭、不鏽鋼等）、前端加工（樹脂、凹凸面等）和尺寸種類繁多，請依照需求選用。使用時，請確實握緊，以大拇指按住上方，並用下壓的方式搗碎材料。

◇ 酒杯的擦拭方法

長飲型酒杯

1 酒杯擦拭布對折後以雙手拿著兩端攤開，並用左手支撐高球杯底部。2 以右手小指將擦拭布尾端捲一摺。3 將擦拭布塞進酒杯，直達底部，右手大拇指伸入酒杯中。4 其餘四指從擦拭布外側按住酒杯，然後左右手交互往反方向轉動，擦拭酒杯內外側。

短飲型酒杯

1 用右手拿著杯腳，左手將對折的擦拭布放入杯中，大拇指伸入酒杯，以擦拭的姿勢拿著。2 右手反過來，並用擦拭布尾端握住杯腳，然後左右手交互往反方向轉動，擦拭酒杯內外側。3 從杯腳往杯座擦拭乾淨。4 擦拭完畢後，小心避免留下指紋。

◇ 酒杯的清洗方法

用沾有中性洗劑的海綿擦除酒杯髒污，並以約 30～40℃的溫水徹底沖洗乾淨。使用的中性洗劑建議稀釋至 1/5 的濃度，如此一來便能輕鬆洗淨泡沫，對於少油污的酒吧來說效率較高。

◇ 搖酒器的清洗方法

1 用沾有中性洗劑的海綿仔細擦洗杯身、過濾蓋和頂蓋。**2** 過濾蓋的濾網部分很容易卡東西，請利用牙籤等器具輔助清潔。**3** 為了流暢地進行接下來的動作，請將杯身反過來蓋在過濾蓋和頂蓋上。

◇ 刀具的研磨方法

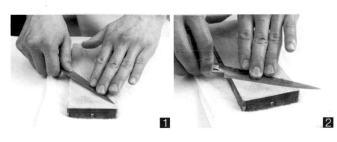

1 事先把磨刀石放入水中浸泡 30 分鐘左右，以減小摩擦阻力。接著用一塊乾淨的布鋪在磨刀石下，以避免其滑動。**2** 壓在刀刃上的手指只需輕放其上即可。請根據所持有的小刀和菜刀是單面刃或雙面刃，來選擇合適的研磨方法，並且每週研磨 1 次。

本書作者山田的習慣是將刀面的正面研磨至 7 成鋒利，同時稍微帶些角度，反面則大約研磨至 3 成鋒利且不帶角度，兩面皆從刀跟至刀尖平均一致地研磨。

Martini...p.106

French Connection...p.118

Jack Rose...p.110

Great Sunrise
...p.118

Frozen Daiquiri
...p.119

Whisky Sour
...p.119

Singapore Sling
...p.117

Salty Dog...p.112

Gin and Tonic...p.111

Bamboo...p.113

Sazerac...p.117

Alexander...p.110

White Lady...p.107

Fresh ingredients

根據材料構思雞尾酒

根據材料構思雞尾酒

調味的基礎與酒譜編排法

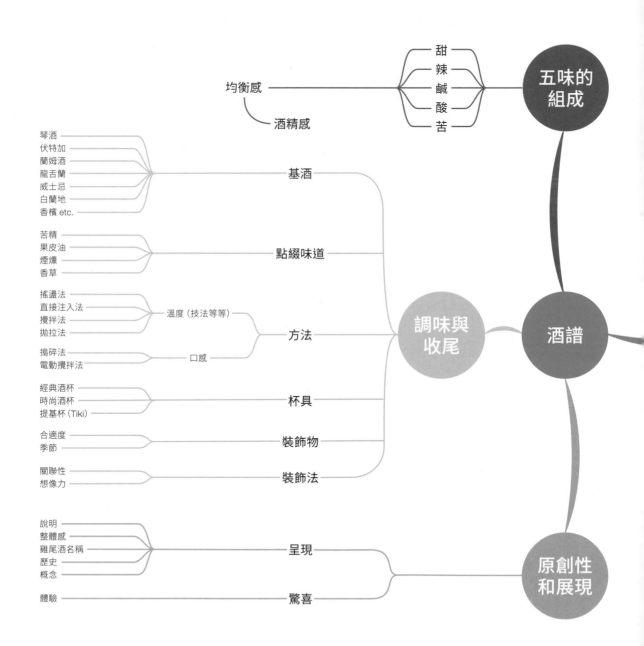

均衡感 ── ┌ 甜
　　　　　├ 辣
　　　　　├ 鹹 ── 五味的組成
　　　　　├ 酸
　　　　　└ 苦
酒精感

琴酒
伏特加
蘭姆酒
龍舌蘭 ── 基酒
威士忌
白蘭地
香檳 etc.

苦精
果皮油
煙燻 ── 點綴味道
香草

搖盪法
直接注入法 ── 溫度（技法等等）
攪拌法
拋拉法 ── 方法
搗碎法
電動攪拌法 ── 口感

調味與收尾

酒譜

經典酒杯
時尚酒杯 ── 杯具
提基杯（Tiki）

合適度
季節 ── 裝飾物

關聯性
想像力 ── 裝飾法

說明
整體感
雞尾酒名稱 ── 呈現
歷史
概念 ── 原創性和展現

體驗 ── 驚喜

下圖為作者宮之原在設計酒譜時的具體範例，其中包含用以使構思更加完整的元素，
以及從該元素衍生與發展的過程。現代採用新鮮水果的雞尾酒已經非常普及，
究竟該如何發揮、組合材料的優點，以及提高完成度呢？
使用美味的果汁調製之餘，還需追求明確的調味方針和構想的原創性。

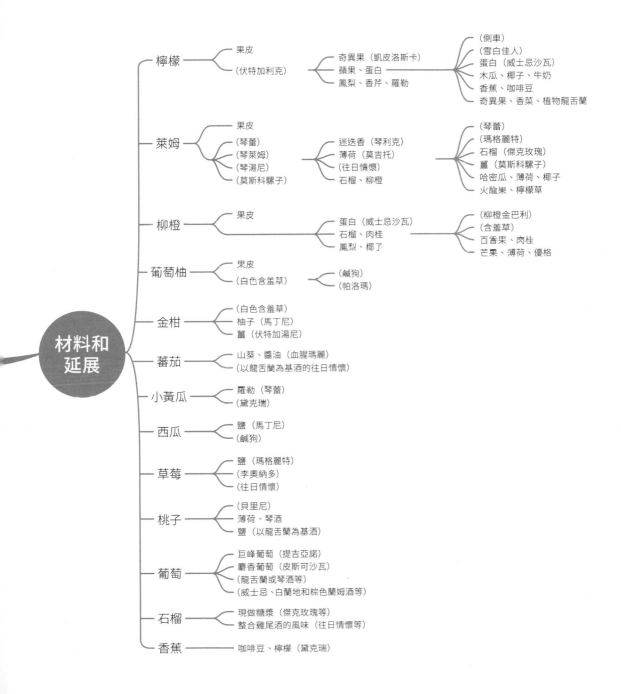

何謂五味

五味即酸、苦、甜、辣、鹹等 5 種味道。
於本單元中，我們依照五味來區分新鮮水果、香草、
香料和基酒等雞尾酒材料，除了提供獨創的解釋方式之外，
也會進一步說明讀者在調味時可以參考的要點。

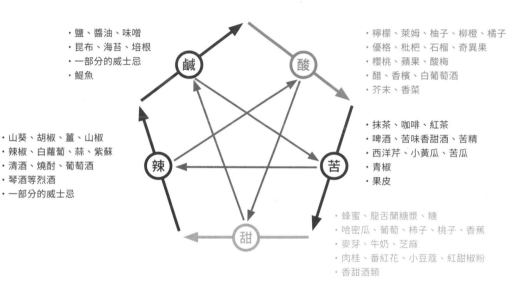

・鹽、醬油、味噌
・昆布、海苔、培根
・一部分的威士忌
・鯷魚

・檸檬、萊姆、柚子、柳橙、橘子
・優格、枇杷、石榴、奇異果
・櫻桃、蘋果、酸梅
・醋、香檳、白葡萄酒
・芥末、香菜

・山葵、胡椒、薑、山椒
・辣椒、白蘿蔔、蒜、紫蘇
・清酒、燒酎、葡萄酒
・琴酒等烈酒
・一部分的威士忌

・抹茶、咖啡、紅茶
・啤酒、苦味香甜酒、苦精
・西洋芹、小黃瓜、苦瓜
・青椒
・果皮

・蜂蜜、龍舌蘭糖漿、糖
・哈密瓜、葡萄、柿子、桃子、香蕉
・麥芽、牛奶、芝麻
・肉桂、番紅花、小豆蔻、紅甜椒粉
・香甜酒類

◇ 味道組成訣竅

五味之間具有相互影響的關係。作用方式分為從外圍圈
起的五角形，以及相對的項目連結而成的星形。沿著順
時針方向繞行的五角形屬於相生關係，能夠提升彼此的
效果；而星形則為相剋關係，會抑制彼此的作用。甜味
和辣味的組合，以及鹹味和辣味的組合，都會突顯彼此
的味道，反之，酸味過強時，即可用甜味來緩和，甜味
過重時，則可利用鹹味取得平衡。諸如此類的舉例應該
很容易瞭解。

相生…提升彼此效果

（例）教父
透過杏仁香甜酒的甜味突顯
蘇格蘭威士忌的辛辣感。

相剋…抑制彼此作用

（例）皇家基爾
利用香檳的酸味緩和甜膩的
黑醋栗香甜酒。

◇ 透過圖形來理解

此外，作者宮之原還有一套自創的解讀法——把上述的
五味化作雷達圖來使用。透過圖表呈現來掌握各種味道
的強弱，對於改變比例、使配方複雜化（或簡化），或
運用特色各異的水果來提升味道重現度等皆非常實用，
能夠藉此確認雞尾酒各種不同的配方比例是否成立。

關於技法

運用新鮮材料調製雞尾酒時，
所有技法都應當重新從「突顯材料」的角度進行調整。
請思索該用什麼方法才能夠徹底展現材料原本的味道，
同時想像成品的協調感及味道，靈活變通，找出最合適的技法。

四種基本技法的運用

畢竟主角是原材料，通常我們不太會單純專注於基本
技法。然而，在用搗棒搗碎新鮮材料後，經常會用到
的是易於混合的波士頓搖酒器，以及可以急速粉碎、
攪拌的電動攪拌器等。此外，四種基本技法的精髓和
觀念不僅通用於其他技法，實際上也早已應用在各式
各樣的技法當中了。因此，強烈建議好好學起來。

值得關注的技法

◇ 曝氣法（aeration）

於瓶口裝上酒嘴（pourer），並從高處細
細地倒出液體。由酒嘴倒出的液柱流量
必須呈一致的線狀，透過液柱與杯中液
體的碰撞與混合，即可使液體飽含空氣，
口感柔順。此外，富含氣泡的液體更容
易與副材料混合，還能夠藉此揮發過多
乙醇，使杯中香氣更加濃郁。

主要用途
以琴湯尼和莫斯科騾子為代表，
幾乎所有的雞尾酒都適用。

◇ 拋拉法（throwing）

此技法是運用品脫玻璃杯或 TIN 杯等兩個同尺寸容器，像是拋投液體般，讓液體在兩個容器之間來回移動。使液體富含空氣的同時，再加上迴旋的動作，使材料交纏在一起，如此一來不僅可以令雞尾酒的口感滑順，還兼備突顯材料香氣的效果，讓水果的味道變得更加香甜、豐厚。

主要用途
適用於欲呈現味道柔和感和整體感的時候，例如血腥瑪麗、鹹狗等。血腥瑪麗中的蕃茄、水分和酒很容易分離，採用拋拉法時就像是將酒「揉」進蕃茄中的感覺。若採用搖盪法就會造成分離。

1 將液體移到（移回）裝有冰塊的 TIN 杯。2 3 要把液體移至空的 TIN 杯時，請扭轉上半身，蓄勢待發。有了此準備動作，當液體拋投進 TIN 杯時，即會產生迴旋。4 5 在拉出液體軌跡的同時，一面加入迴旋動作，一面將液體拋入空容器。最後，把裝有冰塊的 TIN 杯回到拉開前的位置，同時「切斷」液體，動作俐落乾淨地結束這一回合，並且做好延續至下個步驟的準備。回到最初位置，重複整個過程數次。

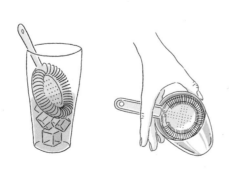

選用無耳（no prongs）濾冰器，放入 TIN 杯壓住冰塊。用右手拿著 TIN 杯，並以食指按住濾冰器握柄。

point!

一開始練習時，先直接往正下方「灌入」，待習慣之後，再調整成往斜下方「拋投」般的方式來移轉液體，同時別忘了要讓液體確實產生迴旋。

◇ 鑽木式攪拌法（swizzle）

這個技法能夠為使用細粒碎冰的雞尾酒注入空氣，同時在酒杯中進行急速冷卻。首先，將材料和細粒碎冰放入酒杯，再以此技法專用的天然木調酒棒（swizzle stick）插入中央，用雙手夾住，如鑽木取火般摩擦，使其高速旋轉，直到酒杯外側結霜為止。如此即可釋放榨取自原材料的鮮味和香氣，並使酒體飽含空氣，呈現柔順的口感。

主要用途
莫吉托、薄荷茱莉普、提基雞尾酒，以及直接於酒杯內榨取果皮和香料之鮮味的雞尾酒。

前端有 5 ～ 6 根分支的天然木調酒棒源自西印度群島，係由當地的植物樹枝修剪而成。對於加勒比風格的雞尾酒來說，是不可或缺的工具。

◇ 搗碎法（muddle）

此技法乃利用搗棒搗碎或混合水果、香料和香草。由於能夠隨心調整搗碎的程度，所以也就可以打造出接近理想的口感，或是榨取出所追求的成分。這個技法適用於搗碎柑橘類的果肉或果皮，藉此為雞尾酒增添其果汁或果皮油脂等。另外，桃子等材料在用電動攪拌器攪打後，會因為氧化而變成褐色，因此，不妨改用搗棒搗輾至保留口感的程度。這麼一來，不僅能享受各種水果特有的口感，還能保持其原有顏色，製作出一杯美麗的酒款。

主要用途
適用於採直接注入法調製的水果雞尾酒，以及欲保留水果口感的時候。

如何帶出材料原本的風味

購入後的處理方式對材料有著莫大影響。
請透過恰當的清洗和保存方法，將材料原有的味道發揮至極致。
水果的果皮等會隨著時間產生變化，
因此，請因應當下狀態思考最合適的運用方式。

香草、香料

◇ 清洗方法

1 將香草放入調理盆內輕柔地清洗，然後加入冷水，輕輕地混合。靜置數分鐘，待其吸收水分。**2** 倒入瀝水盆，確實瀝乾水分。選用口徑相同的瀝水盆和調理盆，兩者盆口對盆口充分上下甩動即可。**3** 在乾淨的布上攤開，靜置 10 ～ 15 分鐘，直到表面的水分消失。接著，用二、三層塑膠袋包起來，放入冰箱中不會正對出風口的位置保存。

◇ 保存方法

用水沾濕塑膠密封容器的內側，並將多餘的水倒乾，然後蓬鬆地放入香草，避免其受到損傷。請特別注意，除了塞得太緊會造成傷害之外，放得太少也會因為間隙過大接觸到空氣而氧化受損。營業中，以透明容器存放香草還可以兼具展示效果。打烊後，則用塑膠袋包起來，置入冰箱。將香草存放於接近其生長環境的地方，即可長時間保存。

◇ 香料類

左起順時針方向為高麗參、朝天椒、肉桂、八角、小豆蔻。放入密封容器保存，同時應避免放置於潮濕、高溫，或者有光線照射的地方。

柑橘類

◇ 隨著時間經過而產生的變化（萊姆）

剛到貨的萊姆，表皮緊實且散發光澤。經過一週狀態慢慢衰退，從外觀就可以看出每瓣果肉之間的分界。兩週後，光澤完全消失，果皮變皺，整個果實縮小。雖然天數只能作為參考，不過，隨著時間經過，酸味的確會變得溫和，開始透出甜味及鮮味。以下介紹柑橘類大致相通的味道變化，以及處理上的重點。

剛到貨

酸味強勁、甜味少、帶苦味，能夠擠出皮油。適用於琴蕾、琴萊姆、琴湯尼、莫斯科騾子等。

一週後

富含果汁、散發香氣、幾乎擠不出皮油。適用於莫吉托、琴利克，以及往日情懷等雞尾酒。

兩週後

酸味進入恰到好處的階段，能夠整合水果雞尾酒的風味，或作為預調的材料。適用於傑克玫瑰等。

◇ 果皮的削法及保存法（檸檬）

假如在甫購入時就想將果皮拿來擠皮油，而果實部分想等到酸味變溫和後再榨汁使用，此時，要盡量保留皮下棉絮般的白色部分，因為它能夠發揮保水效果。在擠果皮時，此白色部分會產生苦味，所以需要去除。切除果皮後的果實，請用保鮮膜緊緊包覆，並放在冰箱不會正對出風口的地方保存。

◇ 榨汁（柳橙）

榨汁時，先縱向切開果實，並於中央切出大 V 字形，使每瓣果肉一目瞭然。中央的白色部分經過壓榨會產生苦味，所以應當去除。將果實中心對準榨汁器中央的突起處，並用指尖輕柔按壓，然後一點一點地移動按壓位置，將果汁慢慢壓出來，切勿用力擠壓或扭轉。

水果、蔬菜

◇ 後熟與判斷方法

水果和蔬菜在稍微放置一段時間後，不只顏色變鮮豔、味道更香甜，果肉也會變得柔軟。這是因為果肉中的澱粉質和果膠類被酵素等分解後轉化成糖所致，此現象就稱為「後熟」。溫度 15～20℃，通風且陽光不會直射的地方，即是適合進行後熟的環境。至於如何判斷味道已達顛峰，像是香蕉皮出現糖斑（sugar spot），蕃茄變得更鮮紅且果肉變柔軟等，皆是可供確認的跡象。另外，像是不會後熟的葡萄，在梗變成褐色後，表皮也會變得比較容易剝除，且味道凝縮合宜，更容易應用在雞尾酒上。

◇ 不適合後熟的水果

當然，並非所有水果和蔬菜都適合後熟。例如，柚子獨特的芳香和金柑的「微苦感」很快就會消逝殆盡，因此需要在一週左右使用完畢。草莓的果皮薄嫩，不耐乾燥，所以請在購入後馬上使用。

適合後熟的水果

適合後熟或能夠獲得類似效果的水果、蔬菜範例。
照片中，越靠右側代表越熟。具體的使用方法請參照第 120 頁。

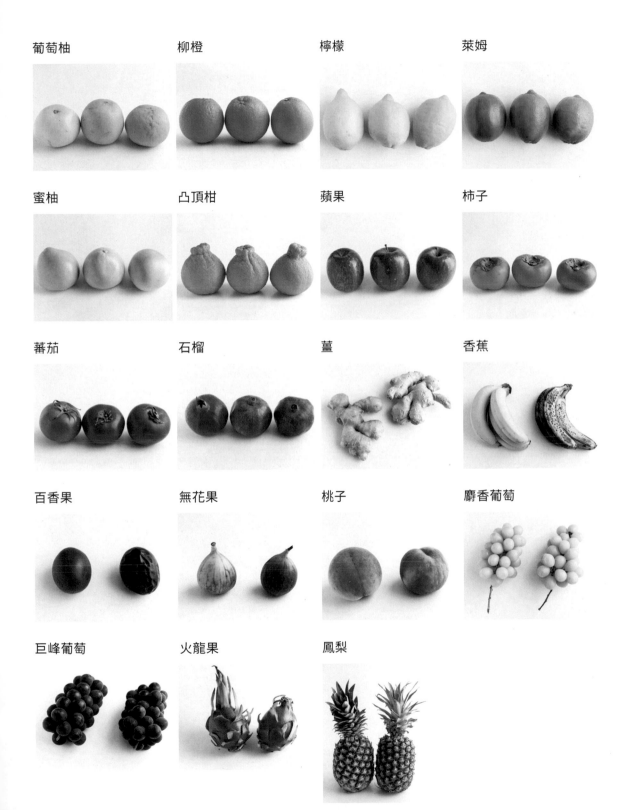

葡萄柚

柳橙

檸檬

萊姆

蜜柚

凸頂柑

蘋果

柿子

蕃茄

石榴

薑

香蕉

百香果

無花果

桃子

麝香葡萄

巨峰葡萄

火龍果

鳳梨

處理訣竅二三事

◇ 輕輕敲打以釋出香氣

處理薄荷時，並非用力將其輾碎，而是利用搗棒輕輕地敲打，藉此釋出香氣。倘若直接用手捻碎，雖然同樣可以釋出香氣，但也會隨之出現澀味。

◇ 搓磨葉脈以釋放香氣

對於不放入液體，僅用於裝飾或使其漂浮杯上的香草，請藉由搓磨葉脈來釋放香氣。搓磨時要順著葉脈由下往上吸收水分的方向。

◇ 用手剝除果皮

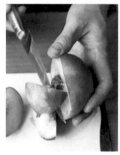

儘管不同品種之間可能會有所差異，不過像是果肉柔軟的桃子等，在熟透後就能直接用手剝除果皮。這種方式不僅不會傷害果肉，也能保留更多果汁。

◇ 炙燒果皮後剝除

用料理噴槍炙燒無花果表面，直到果皮完全變黑。接著，將其浸入水中並用手搓揉，即可簡單滑溜地去除果皮。此方法乃日本料理技法的應用。

◇ 於水中剝離果粒

剝離石榴果粒時，只要於裝了水的調理盆中把果皮剝除即可。這麼做既不會傷害果粒，也能避免弄髒周遭，還能迅速完成作業。

◇ 擦拭萊姆果皮

對於琴湯尼等雞尾酒，榨過汁的萊姆角在投入酒杯之前，請先用餐巾擦拭果皮。萊姆的果皮帶有如迷迭香或尤加利般的獨特香氣，擦拭過後則會轉變成薄荷般的香氣。

◇ 口感的掌控

雞尾酒能夠強調出材料的特徵，譬如西瓜沙沙的口感、桃子滑溜且柔軟的質地等。比方說，於調製血腥瑪麗時，我們就會為了保留蕃茄的濃厚感及粗糙入喉感，而選用網孔較粗的濾網來過濾。

◇ 利用少量冰塊進行冷卻

蔬果在放入冰箱後，甜度會下降，所以原則上皆採常溫保存。欲使其冰鎮時，不妨將其泡在冰水中，或是在調製完成準備倒入杯中之前，以一顆溶水量少的大冰塊來搖盪。

琴湯尼
Gin & Tonic

透過擦拭表皮油脂，
帶出萊姆皮的薄荷香。
清爽宜人的香氣在杯中延綿繚繞。

萊姆角……1/6 顆萊姆
琴酒〔倫敦辛辣型（London Dry）〕……45ml
通寧水……適量
蘇打水……適量

1　將冰塊放入已確實冷卻的高球杯，攪拌
　　一下並把水濾掉。

2　輕輕把萊姆汁擠進 1，並用餐巾擦拭果
　　皮（請參考 p.79）。

3　倒入琴酒並稍微攪拌，使萊姆汁與琴酒
　　融合在一起。

4　從冰塊間隙倒入通寧水，避免碳酸直接
　　碰撞冰塊。加入蘇打水，利用碳酸氣泡
　　幫助混合。

5　攪拌 1 圈，並將 2 的萊姆裝飾在冰塊和
　　酒杯之間。

point ―――――――――――

○ 選用甫購入的萊姆。切勿用力壓榨，以免出現
　澀味。

○ 擠榨果汁時，請避免皮油（表皮的香味成分）
　落入杯中。擠完後，只要利用餐巾擦除表皮油
　脂，即會釋出薄荷般的香氣。

○ 雖然有些調製法是在一開始就把擠榨完果汁的
　檸檬角放入酒杯，然後再放入冰塊，不過，最
　後再放上較能夠充分展現其香氣。

○ 事先將蘇打水和通寧水整瓶浸在冰水中，以進
　行冰鎮。僅使用通寧水的口味有些偏甜，因而
　搭配蘇打水使用。

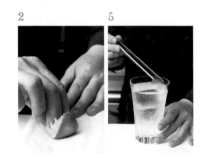

貝里尼
Bellini

無添加任何用以調整顏色和味道的副材料，
風味自然洗鍊。盡情品味桃子熟透時的濃稠口感。

桃子〔白桃〕……1/2 顆
香檳……100ml

1 桃子去皮後，切成 5～6mm 厚的薄片。
   放入波士頓搖酒器內，用搗棒搗轆至仍
   保留口感的程度。

2 放入 1 顆大冰塊，開始搖盪。

3 取出冰塊，慢慢地倒入冰鎮過的香檳。

4 將 3 斟入冰鎮過的葡萄酒杯。

point

○ 桃子應經過後熟且待甜度上升之後再使用。白
  桃類尤其容易運用。桃子放冰箱會變黑，甜度
  也會下降，因此，請於營業時藉由浸泡冰水來
  使其冰鎮。

○ 若以電動攪拌器攪打桃子，會導致氧化與褐變，
  所以應選用搗棒輕柔地搗轆，以維持色澤，同
  時也能突顯桃子特有的口感。倘若利用檸檬汁
  來防止褐變，則會影響味道。

○ 搖盪的目的僅是冷卻，因而選用單一大冰塊，
  以盡量減少溶水率。

○ 極力避免使用糖漿或香甜酒，盡可能突顯桃子
  原有的甜味、香氣和清爽感。除此之外，加入
  香檳之後就不再攪拌。在搖酒器內完成調製再
  倒入酒杯，就能實現自然的整體感。

莫斯科騾子
Moscow Mule

使用自製的薑味糖漿，
帶出明顯的薑和香料風味，
使雞尾酒同時兼備暢爽口感和濃醇芳香。

萊姆角……1/4 顆萊姆
伏特加……45ml
薑味糖漿*……30ml
蘇打水……適量
　高麗參……適量

＊薑味糖漿（自製）
　薑、萊姆、糖漿的比例為1：2：3，再加入紅辣
椒（去籽）和小豆蔻（去殼）。
　薑去除薄皮，朝向與纖維呈直角的方向磨成薑
泥，如此可降低辛辣感。將全部材料混合後放入
冰箱保存。為避免存放過久香氣消逝，每次請少
量製作。

1　將萊姆汁擠入波士頓搖酒器，接著倒入
　　薑味糖漿和伏特加進行搖盪。用餐巾擦
　　拭萊姆皮（請參考p.79）。

2　將1倒入已確實冰鎮的銅製馬克杯，並
　　在加入蘇打水後稍微攪拌。

3　用1的萊姆裝飾，撒上現磨高麗參粉。

point ─────────────────

○將蘇打水加入帶有香料風味的自製薑味糖漿
　中，即可立刻做出香氣濃郁的薑汁汽水。

○萊姆擠完汁以後，利用餐巾擦除表皮油脂，即
　會釋出薄荷般的香氣。

○由於最後還要加蘇打水，搖盪時請注意冰塊的
　溶水量。

○以高麗參搭配微辣薑味，更加突顯出土壤和植
　物根部的芳香。高麗參具有提神效果，適合疲
　勞或輕微感冒的人。

1　　　　　3

血腥瑪麗
Bloody Mary

濃縮的蕃茄美味和絕佳入喉感。
透過宛如揉拌入味的拋拉法，
使果肉和液體融為一體。

Amela 蕃茄（請參考 p.122）……1 顆
西洋芹……1 片
紅甜椒……1 片
伏特加……45ml
蕃茄汁＊……60ml
白酒醋……3 dashes
伍斯特醬（Worcestershire sauce）……2 dashes
　鹽（海鹽）……適量
　黑胡椒……撒 1 次
　培根（炙燒）……1 片

＊蕃茄汁（自製）
將適量的市售番茄汁、柳橙汁、檸檬汁、萊姆汁、
龍舌蘭糖漿、醬油、山葵、柚子胡椒、七味粉、
鹽和西洋芹葉等材料，全部混合在一起。

1　將蔬菜切成適當大小，把所有材料放入
　　電動攪拌器，攪打至泥狀。選用粗網孔
　　的濾網過濾，以保留果肉感。

2　加入冰塊並採用拋拉法調製，彷彿揉拌
　　入味般使果肉和液體融為一體，避免其
　　產生分離（請參考 p.72）。

3　倒入以古典杯製作的鹽口杯，撒上現磨
　　黑胡椒，並以培根裝飾。

point

○ 蕃茄、酒和水很容易分離，所以採用拋拉法，
　使其徹底融合。拋拉法能夠使液體與果肉交纏
　在一起，就算經過長時間也不會分離。

○ 培根預先炙燒至酥脆。裝飾後再用料理噴槍炙
　燒一下，使香氣染上酒杯。飲用這杯酒的同時，
　能一面享受到培根鹹味、鮮味與煙燻香氣。

○ 這裡的蕃茄汁加的是醬油和山葵等日式材料，
　而非 Tabasco 辣椒醬或 Jalapeño 墨西哥辣椒。
　這麼做不僅日本人覺得更好入口，就連海外來
　的客人也讚賞有加。

○ 若想打造出照片中的鹽口杯風格，可用撒了鹽
　的萊姆斷面直接抹到酒杯上。相較於以往將果
　汁沾於杯緣的做法，別有一番風味。

1　　　　3

香蕉黛克瑞
Banana Daiquiri

香蕉和蘭姆酒的濃郁甜味中，
透出檸檬和咖啡豆的香氣。
一款用南洋食材詮釋出洗鍊風味的雞尾酒。

香蕉……1 根
檸檬汁……5ml
棕色蘭姆酒……50ml
香蕉香甜酒……10ml
糖漿……5ml
咖啡豆……4 顆

1　剝除香蕉皮，將香蕉、其餘材料和細粒
　　碎冰放入電動攪拌器內攪拌。

2　斟入古典杯。

point ————————————

○選用熟透的香蕉，就能盡量減少糖漿和香甜酒
　的用量。

○蘭姆酒和香蕉的味道原本就十分相配，在添加
　咖啡豆後，又能進一步突顯棕色蘭姆酒的風味。
　將咖啡豆一起用電動攪拌器攪碎，咖啡碎粒可
　以增添脆硬口感和苦味，進而為整體香氣和味
　道注入特色。

○冰塊過多會造成甜度下降，但是不夠冰也不好
　喝。為了以最少量的細粒碎冰達到冷卻作用，
　需用心判斷何謂適量。請使用在冷凍庫冷凍超
　過一天的冰塊。

莫吉托
Mojito

萊姆撒上砂糖仔細搗輾，藉此釋出果皮和果肉的鮮味。
採用鑽木式攪拌法冷卻後，倒入棕色蘭姆酒。

萊姆……1/2 顆
細砂糖……2tsp.
綠薄荷（spearmint）……適量
加州小薄荷（yerba buena）……適量
白色蘭姆酒……60ml
蘇打水……60ml
棕色蘭姆酒……10ml
　加州小薄荷的帶梗枝葉……1 根

1　切除萊姆兩端，並切成厚 2～3mm 的
　　扇形薄片。將萊姆和細砂糖放入酒杯，
　　稍微攪拌後，利用搗棒確實搗輾及混合。

2　於 1 加入綠薄荷、加州小薄荷、白色蘭
　　姆酒和蘇打水，並用搗棒輕輕敲打，使
　　香草釋放香氣。

3　加入細粒碎冰，使用天然木調酒棒進行
　　鑽木式攪拌（請參考 p.73）。

4　再次添加細粒碎冰，接著插入吸管，並
　　於最上層淋上棕色蘭姆酒。

5　再次堆上冰塊，接著，搓磨加州小薄荷
　　帶梗枝葉的葉脈，使其釋出香氣，並用
　　它來裝飾。

point

○一開始確實混合萊姆和細砂糖，即可打造出糖
　漿所不及的濃郁風味。

○一般是加水而非蘇打水，不過蘇打水的氣泡更
　能帶出薄荷香（碳酸氣體流失也沒關係）。

○進行鑽木式攪拌時，請小心避免撕裂薄荷葉。
　只要從冰塊之間挪出調酒棒的空間來旋轉即
　可。

○由於使用了大量的細粒碎冰，口感很容易變得
　稀淡。因此，這裡讓棕色蘭姆酒浮在最上層，
　藉此增添些許濃烈口感，進而提升飲用時的滿
　足度。漸層的呈現也十分美麗。

1　　　　2　　　　3　　　　5

李奧納多
Leonardo

使用了擁有高人氣的草莓調製而成的雞尾酒。
特意讓草莓和先倒入的香檳在酒杯中形成緩慢對流。

草莓……2 顆（大）
白蘭地……5ml
香檳……90 ～ 100ml

1　草莓切除蒂後切成適度大小，放入電動
　　攪拌器，接著加入白蘭地和些許細粒碎
　　冰，攪打至略微殘留果肉口感的程度。

2　將冰鎮後的香檳倒入酒杯，然後從上方
　　慢慢地倒入 1。

point ───────────────

○選用甜度高的草莓，極力避免使用糖漿或香甜
　酒。於營業中，請將草莓放入密封盒，並置於
　冰箱不會正對出風口的位置保存。由於草莓很
　容易受損，所以待接單時再從冰箱取出清洗。

○細粒碎冰的目的僅為冷卻，請掌握在最小用量。

○香檳和酒杯都應預先確實冰鎮。從香檳上方倒
　入草莓泥，即可運用其重量自然產生對流，因
　此能在酒杯中混合得宜。對於所有使用香檳的
　雞尾酒，皆應思考如何省去攪拌動作進行調製。

蘋果雞尾酒
Apple Cocktail

以蛋白作為各材料間之「接著劑」的雞尾酒。
內含多種香氣元素，於飲用時，
各種滋味會隨時間經過而逐一呈現。

蘋果……1/4 顆
檸檬汁……10ml
伏特加……30ml
波本威士忌……10ml
伯爵茶香甜酒……10ml
接骨木花香甜酒……10ml
糖漿……5ml
蛋白……1 顆蛋的量
　薄荷葉、伯爵茶葉、肉桂粉……各適量

1　蘋果帶皮切成適度大小，放入電動攪拌
　　器。接著，加入其餘材料和少量細粒碎
　　冰，一同攪打至細緻的泥狀。

2　透過粗網孔濾網斟入裝好冰塊的古典杯
　　內，最後以裝飾物點綴。

point ―――――――――――

○ 使用帶皮的蘋果可以讓整體的味道和香氣更複
　雜、更立體。

○ 蛋白能夠減緩蘋果變色。此外，蘋果的香氣也
　會轉移到蛋白，加入酒精以後更加明顯。

○ 伯爵茶能夠展現蘋果皮的澀味和餘味，而此澀
　味能令容易過甜的雞尾酒味道鮮明起來。

○ 接骨木花擁有自然的甜味和酸味，很容易與水
　果融合為一，在這裡可以用於輔助蘋果的天然
　酸甜滋味。

蘭姆百香果風味・往日情懷

Rum Passionfruits Old-Fashioned

熱帶水果的輕盈感和棕色蘭姆酒的穩重感相輔相成，調配出複雜豐富、符合現代感的美味。

百香果……1/2 個
柳橙角……1/8 顆柳橙
萊姆汁……5ml
棕色蘭姆酒……45ml
百香果香甜酒……20ml
咖啡香甜酒……5ml
安格式苦精……1dash
紅糖……1tsp.
　百香果……1/2 個
　紅糖……少許
　萊姆角……1/6 顆萊姆
　薄荷……1 支
　肉桂粉……適量

1 將百香果對半切，並把其中半個的果肉挖入酒杯。

2 將紅糖撒在 1 剩下半個百香果的果肉上，並用料理噴槍使其焦糖化。

3 將紅糖、安格式苦精、咖啡香甜酒和柳橙角放入 1 的酒杯，用搗棒搗輾混合。

4 於 3 加入棕色蘭姆酒、百香果香甜酒和萊姆汁，加以攪拌。然後放入 1 顆偏大的冰塊，再次攪拌。

5 取用萊姆角、2 的百香果及薄荷來裝飾，最後撒上肉桂粉。

point ————————————

○一開始確實搗輾柳橙角，即可釋出果皮和果肉的美味，為雞尾酒奠定良好基礎。

○根據上一步驟的味道來判斷苦味、甜味、果皮油脂應有的比例，並依此調整相關材料和之後添加之酒類的份量。假如想加強酒精感，添加苦精和甜味即可呈現往日情懷的風格；如果想降低酒精感，則可增加柳橙等。此外，倘若添加萊姆、蘇打水和細粒冰塊，還可以化身口感清爽的莫吉托風格。

無花果雞尾酒
Fig Cocktail

先以味道柔和的無花果調製風味溫和的基底，
再依照喜好增添刺激感。

無花果……1 顆
檸檬汁……1tsp.
伏特加……40ml
接骨木花香甜酒……15ml
白葡萄酒……15ml
糖漿……1tsp.
　鹽……適量

1　用料理噴槍炙燒無花果表皮，直到果皮完全
　　變黑，並於水中將皮剝除（請參考 p.78）。

2　將 1 切成適度大小，放入波士頓搖酒器，
　　接著加入其餘材料，再利用搗棒搗碎。

3　加入 1 顆冰塊並以搖盪法調製，最後倒
　　入以雞尾酒杯（cocktail glass）製作的
　　半圈鹽口杯。

point

○ 將無花果的表皮燒至全黑，即可輕鬆剝除。

○ 僅使用白葡萄酒的話，對雞尾酒來說厚度不夠，
　　所以另添加伏特加以補充酒精感。

○ 若想要喝起來更有感，也可以添加少量琴酒、
　　龍舌蘭、梅茲卡爾酒（Mezcal）或威士忌，
　　藉此增進刺激感。例如，酒譜中的伏特加若為
　　45ml，即可增添 10 ～ 15ml 左右的上述烈酒。

○ 鹹味能夠突顯無花果的微甜滋味，因此選擇製
　　作半圈的鹽口杯。

提吉亞諾
Tiziano

將巨峰葡萄連皮搗輾，
以釋出淡淡的色彩、鮮甜和香氣。
這是一款充分發揮葡萄特性的高格調雞尾酒。

葡萄（巨峰）……5～6顆
香檳……120ml

1 將葡萄連皮放入波士頓搖酒器，並用搗
   棒輕輕搗碎，接著去除籽和果皮。

2 於搖酒器加入1顆偏大的冰塊，稍微搖
   盪幾下。

3 取出冰塊，慢慢地倒入冰鎮過的香檳。

4 將3斟入冰鎮過的淺碟形香檳杯
   （champagne coupe）。

point

○ 葡萄在輕輕搗碎後，較容易去除籽和果皮。不
  僅如此，這麼做也是為了獲取葡萄皮周圍的鮮
  味，以及葡萄原有的甜味、澀味和香氣。

○ 如另添加10ml左右的白蘭地，更能夠突顯厚度
  和香氣。

○ 搖盪的目的僅為冷卻。倘若冷卻過度，會造成
  葡萄甜味下降，因此，請稍微搖盪至接近香檳
  的溫度即可。

○ 於倒入香檳時，以及最後斟酒時，皆需放慢動
  作。添入香檳後就不再攪拌。假如氣泡不慎流
  失，就得再添加香檳，這麼一來會破壞果汁原
  本的比例。

金柑琴湯尼
Kumquat Gin & Tonic

金柑果皮淡淡的苦味及本身的甜味十分可口。
選用帶有金柑風味的琴酒，
打造清爽生津的口感。

金柑……2 顆
琴酒（日本鹿兒島縣產）……45ml
通寧水……90ml

1　金柑對半切，去除蒂和籽後，放入古典
　　杯。接著加入琴酒，用搗棒搗輾。

2　放入用冰錐鑿碎的冰塊，倒入通寧水並
　　輕輕攪拌。呈上時請附上湯匙。

point ────────

○ 產自鹿兒島縣的琴酒是於草本成分中添加金柑
　製成，這款雞尾酒選用它來搭配新鮮金柑，香
　氣具有共通性。

○ 金柑的果皮十分美味，藉由確實搗輾，就能將
　果皮上的香氣、鮮味、苦味和甜味轉移到琴酒
　當中。

○ 過濾會使鮮味流失、以電動攪拌器攪打會產生
　澀味。越是質樸的東西越該用簡單的方法調製，
　這款雞尾酒就是最佳範例。

○ 附上湯匙，以方便食用金柑。冰塊方面則是採
　用以冰錐鑿碎的冰塊。

柿子雞尾酒
Persimmon Cocktail

風味類似芋燒酎的荷蘭琴酒，
搭配上熟透柿子的柔和滋味，
一同構築口感溫潤的質樸味道。

柿子……1/2 個
伏特加……30ml
荷蘭琴酒（Genever）……10ml
白葡萄酒（白蘇維濃）……10ml
接骨木花香甜酒……10ml

1 選用經過後熟的柿子，去皮後放入電動
攪拌器。接著放入其餘材料和極少量的
細粒碎冰攪打。

2 將 1 倒入放有冰塊的古典杯，並放上事
先留下的果蒂裝飾。

point ————————————

○柿子若搭配個性強烈的酒，就會喪失「柿子本
色」，因此建立酒譜的時候，最重要的就是設
法使其個性得以發揮。

○僅使用伏特加的話，口感會略顯單調，因而選
擇另添加少量荷蘭琴酒來增加深度。荷蘭琴酒
具有類似芋燒酎的風味，作用有點像是「去除
柿子澀味」，或是製作「柿餅（柿子乾）」的
感覺。

○色彩相同的水果通常十分相配，例如芒果和柳
橙就很相襯。然而，柿子若搭配柳橙，味道會
被柳橙壓過去。此外，糖漿和通寧水也會消弱
柿子的味道。調製時請一邊在腦中回想柿子原
本的味道，以保留其風味。

○冷卻過度會導致柿子甜味下降，因此，細粒碎
冰的量請掌控在足以消除酒精刺激感就好，設
法突顯柿子溫潤的甜味。

火龍果雞尾酒
Dragonfruits Cocktail

配合火龍果淡雅的味道，
使整體呈現中性口感。
梅粉具有畫龍點睛的作用。

火龍果（白）……1/3 個
萊姆汁……5ml
檸檬汁……5ml
白色龍舌蘭……15ml
白色蘭姆酒……15ml
白葡萄酒 & 糖漿……10ml
（白葡萄酒 10ml 和糖漿 1tsp. 混合而成）
椰子糖漿……1tsp.
　　檸檬草〔新鮮〕……1 支（約 20cm）
　　薄荷、梅粉、火龍果切片……各適量

1　選用經過後熟的白色火龍果，去皮後切
　　成適度大小，放入電動攪拌器。接著，
　　加入其餘材料和少量細粒碎冰攪打。

2　將 1 倒入裝好冰塊的容器，扭轉檸檬草
　　以釋出香氣後，插入酒中。最後，以薄
　　荷及火龍果裝飾，並撒上梅粉。

point ───────────────

○火龍果的味道和香氣皆不強，風味較為曖昧。
　因此，與之搭配的材料中，龍舌蘭和蘭姆酒、
　萊姆與檸檬、薄荷及檸檬草，以及兩種糖漿，
　同樣沒有偏重任何一方，整體呈現中性口感。

○白葡萄酒很容易與水果融合為一，因此非常適
　合用以整合雞尾酒的味道。例如，葡萄柚和柳
　橙加了通寧水之後，味道就會被通寧水蓋過，
　加蘇打水則可能造成口感稀淡。如欲充分發揮
　天然酸味，不妨選擇使用白葡萄酒或接骨木花
　香甜酒。

○梅粉的酸甜滋味具有畫龍點睛的效果。此外，
　梅粉與椰子的風味也十分匹配，令人不禁一口
　接一口。

探究經典雞尾酒的真義

「Bar Noble」
「Grand Noble」

店主　山田高史

瞭解材料

　　對於調製雞尾酒，首要就是瞭解材料的特徵。從烈酒、香甜酒等作為味道基礎的材料，乃至水果、香草、香料、糖、水和冰塊等，皆需透徹瞭解。困難之處在於，雞尾酒並非只要有好的材料就一定好喝。例如，就算選用高級琴酒，倘若搭配風味強烈的香甜酒，原本優質的味道也會消失殆盡，而採用搖盪法也可能導致成品口感頓失個性。反之，即使選用廉價琴酒，只要搭配別種琴酒來填補其不足，同樣有辦法調製出美妙的雞尾酒。水果的狀態會因為品種和季節而改變；不同的糖或鹽製品，精製度和顆粒大小也迥然相異。因此，為了把材料的味道和特徵發揮到極致，平時就應當接觸各種原材料，設法拓展和增進自己的知識。

　　材料的組合擁有無限可能性，可以自由搭配，不過，一開始必須先懂得如何善用手上擁有的材料。近年來，全球掀起一股採用自製材料調製原創雞尾酒的熱潮，然而，他們是否是在確實思考過成品味道後，才選用自製材料去填補不足的部分呢？這就不得而知了。在材料有限的情況下，該怎麼調製出美味的雞尾酒，全憑調酒師真本事。

　　在我們的日常生活中，充滿可以瞭解材料的機會。用餐時若吃到好吃的食物，不妨仔細觀察其材料的組合方式，這些在日後都可能成為調製雞尾酒的靈感。平時請多多留意吃進嘴裡的東西。

將雞尾酒比喻為房子

- 基酒→支柱
- 甜味→地基（根基、地板）
- 酸味→外裝（屋頂、外牆）
- 香味→內裝（室內設計）
- 裝飾→外構（大門、庭院）

　　若把雞尾酒比喻成房子，基酒就是支柱，甜味為地基，酸味為外裝，香味為內裝，裝飾是外構。酒質、厚度（立體感），以及雞尾酒的核心，皆是透過基酒來形成，所以，請先選定用以支撐整體的基酒，再考量各材料的比例。

甜味可以提供厚度，恰到好處的酸味則能賦予雞尾酒美麗的輪廓。然而，輪廓過於清晰會轉變成澀味或苦味，清晰度不足又會顯得疲軟無力，很容易就喝膩了，因此，比例的掌握實為困難。對於雞尾酒來說，酸味就好比是菜餚中的鹽，用量可能大大地左右整體味道。現今，我們多是透過檸檬或萊姆等新鮮材料來提供酸味，所以，假如完全按照早期的酒譜來調製，味道就會變得酸不可耐。為了別讓房子垮了，務必配合時代演進來重新理解酒譜。另外，香氣能夠展現華麗感。材料含在口中時，若能帶動鼻腔的感受，給人留下的印象就會特別強烈。

最後的裝飾，並非只是"單純的裝飾"。不僅美化外觀，也會對味道造成影響，所以同樣是用以展現雞尾酒的重大要素。這些要素營造出的均衡感和整體感皆非常重要。

追求經典雞尾酒的意義

經典雞尾酒出自許多調酒師之手，經過歷史的洗禮，持續為世人所飲用至今，稱之為「古典」也不為過。經典雞尾酒除了是基本「形式」，也是我在調製雞尾酒路上的「路標」。對於後進調酒師，我想推薦幾款可供練習標準技法的雞尾酒。若想練習搖盪法，可選擇雪白佳人等容易辨識基酒、甜味和酸味之間是否協調的雞尾酒；若是攪拌法，則可從正統的馬丁尼開始著手。營業時收到的點單，多半都是基本的雞尾酒，因此，絕對要有全然把握能將它們調製得美味好喝。隨著不斷反覆思考材料挑選、組合、技術鍛鍊及最適技法，調酒師能在過程中獲得莫大成長。現在，就從追求理想的經典雞尾酒風味開始吧！

藉由持續探究與思考經典雞尾酒，「何謂美味」的輪廓也會逐漸清晰起來，開始變得能夠描繪出自己想要的味道。如此一來，原創雞尾酒的完成度也會大幅提升。於雞尾酒賽事中，自創酒的評分重點在於命名、色、香、味和裝飾之間的協調性及完成度，還包括作品理念，不過，這些項目的考量也是基於經典雞尾酒，畢竟經典雞尾酒曾經也是來自某人的原創雞尾酒。

經典雞尾酒由於配方簡單而無法蒙混過關，對我而言是一輩子的課題。隨著時代變遷，除了材料有所改變且更加多樣化，新技術也不斷湧現，因此，應該還有更多未知的味道在等著我們去創造吧？我十分期待。

技法的重點

- 應當正確
- 應當安全
- 應當合理
- 應當優美

　　牢記酒譜，並懂得如何正確計量後，才算是真正具備調製雞尾酒的能力。光是「拿著量杯時需保持水平」這樣一個簡單的動作，要學的東西就非常多，只要訓練到動作有效率，毫無勉強、浪費，就能夠以優美的姿勢正確計量。這點也關係到其他動作，譬如，對於酒瓶和酒杯的操作動作會因而變得謹慎，隨之發出的聲響也變得輕悄。當然，最重要的是也更安全。

　　此外，若能經常思考在搖盪和攪拌的時候，如何能以最小力量發揮最大功效，不論是持拿搖酒器和吧叉匙的著力點和支點，或是利用液體和冰塊重量的混合方法等，都能逐漸掌握到要領。以搖盪法而言，只要長時間搖盪，必然能夠確實冷卻與混合，然而，稀釋作用也會在同時間進行，進而導致口感稀淡。所以，調酒師必須具備在短時間內冷卻、混合，並調製出理想風味的技術，因而發展出 6 種搖盪法。換言之，其出發點即是探究如何合理地使用工具。當然，除了體格方面因人而異，理解方式與思考方式也各有不同。請把我的搖盪法和攪拌法技術當作參考之一，設法確立自己的風格。

　　經常有來自海外的顧客詢問我：「為什麼你能用這麼正確的姿勢調製雞尾酒呢？」我的回答是：「因為我想調製出尊貴的作品。」有了這樣的心情，姿勢自然就會變好。經過反覆訓練形成自然而優美的動作，正是享譽國際的日式調酒風格美學。我在做任何動作時，皆銘記著那是顧客隨時會映入眼簾的畫面。

山田高史

1976 年，出生於日本神奈川縣橫濱市。1998 年，進入橫濱的「Bar Aqua Vitae」擔任店長。於東京銀座等地學習技藝之後，2004 年於橫濱市內獨立創業，開設「Bar Noble」。2010 年，在「日本全國調酒師技能競技大會」及「亞太盃調酒大賽」（Asia Pacific Bartender of the Year Cocktail Competition）皆獲得冠軍。2011 年，拿下「IBA 年會暨世界盃調酒大賽」（IBA World Cocktail Championships）總冠軍，並獲頒東久邇宮文化褒賞。2017 年，在距離總店步行 5 分鐘的地方，開設「Grand Noble」。除了經營酒吧之外，也擔任讀賣文化中心（Yomiuri Culture Center）的講師，並經手外燴、顧問等事業。另身任日本調酒師協會（Nippon Bartenders Association）國際局長。為了拓展見聞而學習極真空手、茶道（表千家）和英文會話等，興趣為到處享受美酒美食。

將新鮮水果發揮到極致

「BAR ORCHARD GINZA」 店主 宮之原拓男

根據材料構思雞尾酒

自從大家開始使用新鮮水果後，雞尾酒的世界煥然一新。不僅是色、香、味，就連質感、溫度、外觀呈現等，能夠透過雞尾酒展現的風貌變得豐富起來。然而，其材料特性真的有獲得充分發揮嗎？

例如，於飲用西瓜雞尾酒時，是否真能喝到西瓜風味？雖然有些調製法會特意添加其他東西來改變西瓜的味道，不過，一般而言，無法感受到主要材料是不行的。西瓜水分多，甜味天然且十分淡雅，若是加入其他果汁，味道就會被蓋過去，所以必須思考如何調配才能免於破壞材料特性。添加酒精也會造成風味產生變化，此時，最重要的就是考量口味是否相襯。請從此觀點，摸索出能夠充分展現所使用水果之口感和香氣的材料。

除了材料之外，工具的用法也很重要。水分含量高的西瓜若以電動攪拌器攪打過久，就會變成單純的甜膩果汁，西瓜原本的風味盡失。不僅如此，即使是使用波士頓搖酒器來調製，倘若用濾網徹底濾掉殘渣，其鮮味還是會流失，感覺只剩下甜味，這麼一來，其與酒精之間的平衡也會被打亂。因此，無論使用哪一種方式，都應當保留些許果肉，藉此透過香氣和口感呈現該水果的「本色」，如有需要也可以附上湯匙。

對於水果來說，冷卻方式同樣十分重要。假如太冰，不容易感覺到甜味，所以在採用搖盪法或電動攪拌法時，請以極力減少冰塊用量為前提，尋求最適溫度。無論是什麼材料，皆需探究其特性，並找出能夠充分發揮該特性的方法，藉此調製出最接近材料的味道。

水彩畫和油畫

利用色彩濃淡來表現的水彩畫，與使用新鮮水果的雞尾酒有不少共通之處。譬如，調製梨子雞尾酒時，我們會搭配與之相襯的檸檬或葡萄柚，然而，就算原本想將梨子擺在前景（主角位置），倘若份量掌握不佳，味道可能會被檸檬或葡萄柚取而代之。因此，調製時需要在腦中想像梨子的甜味、酸味及香氣。對於味道淡雅的材料，應當思考它該出現在什麼地方，以及該如何讓它成為焦點，然後透過控制濃淡來描繪出腦中想像的味道。反之，若以味道鮮明的材料作為前景的主角，就要考慮遠景該選擇哪些副材料加以調合。一旦能夠根據各材料決定其強弱位置，就是掌握到活用材料的要領了。

另一方面，藉由重疊各種材料來調配出不同風味的做法，則是油畫的思考模式。例如，在強調基酒風味的同時，將不同風味層層相疊，進而賦予嶄新的味覺體驗，這麼做就如同油畫中的顏料彼此交疊般。

調製完雞尾酒後呈上的動作，就好比為畫完的作品裱框，僅是畫完並不代表完成。畫框（＝收尾）對我來說非常重要，有時在創作雞尾酒時，甚至會從其反推回去。在某些清況下，也會迅速完成雞尾酒的調製，然後把時間花在裝飾和最後的呈現上。在裝飾的過程中，客人可能會滿心期待地想著「現在到底在做什麼呢？」，或是於呈上時，發出「哇！」的興奮驚嘆。若是繁忙的酒吧，只需換個杯墊就能達到效果。儘管得稍微費些工夫，但想必能令顧客開心。挑選得以突顯畫作的畫框，而且連如何裝框都應當顧及，我認為這就是調酒師的本分。

為了進化
而不斷變化

在我店裡，就算是同一款雞尾酒，每年的調製方法都會改變。以貝里尼為例，我會從最初的步驟就有所改變，譬如桃子的處理方式可能是「用手搗碎」、「用菜刀切碎以保留口感」，或是「用電動攪拌器攪打」等；冰塊也可能「不使用」或「用一顆進行搖盪。」等。無論是技法或所搭配的基酒，我都會要求自己大膽做變化。若能創造出新作品，就等於手裡多了一張牌，手中的牌越多，就越能根據顧客喜好出牌，靈活應對。使用液態氮的貝里尼不僅視覺效果強烈，還有防止桃子氧化及無需使用冰塊等優點。不過，還是必須反覆思考那是否為最好的做法，以及是否是顧客所想要的。

有時候，顧客告訴我們的一些配方或雞尾酒，可能會令我們覺得「沒聽過有這種表現方式」或「好新穎啊～」。此時，我們不該因為自己不知道就予以否定，應當敞開心房，放開固執的頭腦，讓自己能夠發自內心感到「似乎很有趣呢。」前陣子，我聽說瑞典的傳統料理中，有使用培根、咖哩醬和烤香蕉的披薩，因而試著調製成雞尾酒，結果十分美味。靈活的應用有助於發現新的美味或驚喜，當然值得嘗試。不過，並非看到新東西就要撲上去，真正重要的是懂得透徹地進行判斷。不斷自我改變，正是進化的關鍵。

讀懂顧客的舌尖

我的店裡沒有酒單，是以陳列新鮮材料的方式呈現，並告知顧客「這就是我們的酒單」，藉此與顧客產生對話，進而打聽對方喜歡的水果和口味，以及對酒精強度的要求等，以瞭解其喜好（＝讀舌術）。花時間在點酒上，並為每位顧客特製他們的雞尾酒，這在一開始十分不容易，不過日復一日地進行後，也就習慣了。

例如，於用餐前光臨的顧客若要求一杯「充滿夏天氣息的雞尾酒」該怎麼辦呢？份量大的TIKI雞尾酒完全不合適吧？此時，只要調整份量，並在裝飾上多下工夫就行了。呈上雞尾酒的時候，務必說明其概念、酒譜、材料間何以相襯，以及如何飲用。重要的並非只有喝起來美味，還要去感受顧客想要什麼，並調製出配合時間、場合、情境的雞尾酒。唯有做到這點，才能讓顧客理解我們的獨特配方及新穎風味，並且開心地享用。

然後，呈上第一杯酒後過一段時間，請向顧客確認味道。在詢問酒精強度和甜度等是否符合其喜好的同時，也可以作為第二杯的提示。這段對話至關重要，因為可以藉此更加深入探究顧客喜好。假如第二杯成功了，第三杯應該就會「請調酒師隨意調製」。這代表顧客決定全權交由瞭解自己喜好的調酒師，亦即調酒師獲得顧客信賴的證明。

為此，必須牢記「每個人對味道的感受不同」。我去海外的酒吧時，曾發生這樣的事：由於我喜歡琴酒，所以指明希望我的雞尾酒「酒精感強一點、不要太甜，並以琴酒為基酒」，結果喝起來嚇人的甜！沒錯，每個人對甜味的感受不同。無論是原本的味覺或當時的狀況，都可能造成個人差異。因此，對話和觀察皆非常重要。

宮之原拓男

1975 年，出生於日本鹿兒島縣。1996 年，大學畢業後，進入「神戶大倉酒店」（Hotel Okura Kobe），擔任侍酒師一職。爾後，先後於法國料理、中華料理、鐵板燒和日本料理等餐廳任職，經過八年，終於轉職為夢想已久的調酒師。2007 年，與同為調酒師的夫人壽美禮一起在東京銀座獨立開設「BAR ORCHARD GINZA」。以水果為主題，不斷創作出富創造性的雞尾酒。目前也於墨西哥調酒展及世界各國舉辦大師講習班，講解日本的酒吧歷史、雞尾酒建構步驟，以及解讀經典雞尾酒的歷史背景等。

1 調製時特別重視哪些要點？

關於技法

四種基本技法百分之百都會用到，其中使用頻率最高的是搖盪法。（山田）

　　每天營業時所接到的點單，百分之百會使用到基本四技法。其中又以搖盪法最常使用，有時一個晚上可能會搖製數百杯。因此，我設計出了能夠運用到全身而非只有臂力的高效率搖法，即使外表看來動作不大，依然可以確實達到搖盪效果。此外，我也追求品質穩定。

　　純熟的基本技法成了敝店的核心，能夠獲得顧客的正面評價深感榮幸。除了琢磨各項技巧之外，我認為優美的動作及簡潔動線也很重要。就我個人的淺見來看，在這個數位化越發普遍的現今，調酒師這個職業不僅使用有形工具，且唯有夠專業才調配得出美好滋味，想必在日後會更加難能可貴吧。

我會時時思考哪種技法最能帶出材料風味。（宮之原）

　　「材料塑造雞尾酒」——技法說到底只是手段之一。我經常使用電動攪拌器和波士頓搖酒器，雖然會先決定大致的方向，仍會根據材料的狀態和顧客需求，靈活調整雞尾酒的最終口感。最重要的是去思考自己想彰顯材料的哪個優點，如何提升雞尾酒的完成度，以及是否能令顧客喝得滿意。從想要的成品顏色、香氣、味道、入喉感等方面綜合去判斷，挑選出最合適的手法。

　　對於使用到蕃茄或葡萄柚的雞尾酒，我通常會採用拋拉法。加入扭轉動作後，此手法能夠在使雞尾酒富含空氣的同時進行混合，因此，即使果肉偏多，固體部分仍舊可以與液體確實交纏在一起，經過長時間也不易分離。這是其他技法無法達到的效果。

　　在當今這個時代，新開發的技法和工具源源不絕，而且瞬間就能遍及全球。然而，別隨著最尖端資訊起舞，請務必好好判斷是否適合自己欲調製的雞尾酒。之前提到的拋拉法，其實在 1930 年代的雞尾酒教科書內就有提到（內含從側邊拋投的圖解），已是歷史悠久的技法。以充分運用材料為出發點，重新理解和調整既有手法，不也同樣可以拓展出新的可能性嗎？

酒譜編排

以基本編排法為基礎，發展出具個人風格的酒譜。（宮之原）

　　使用新鮮材料的雞尾酒，有不少基本酒譜編排系統可供採用，不過，簡單來說就是統一「顏色」、「地區」和「味道」。顏色相近的材料出乎意料地相配，例如西洋梨、水梨和葡萄柚或檸檬、柿子和柳橙、蕃茄和紅甜椒等組合，都能夠相輔相成。此時，需決定主從關係，並依此調整味道強弱，否則可能讓柿子雞尾酒變成柳橙味，請務必注意。

　　至於地區和味道，南洋水果和蘭姆酒、龍舌蘭、咖啡豆等產地相近的材料，同樣能絕妙調合。從小範圍來看，像是鹿兒島產的金柑可以搭配同屬九州產的琴酒，或是含有金柑的食材。另一方面，以柿子雞尾酒為例，挑選可以去除柿子澀味的燒酌搭配，即可完美相融。

　　此外，材料擁有的味道和香氣極其細膩，稍有不慎，其特性就可能在與烈酒混合後喪失殆盡。在這種情況下，即可利用白葡萄酒（推薦白蘇維濃）和接骨木花香甜酒等，來補足酸味和甜味，使整體融合為一。如此就能夠自然帶出材料原本味道中特有的高雅風味。

　　上述僅是極小部分的範例，有時候，完全相反的組合也可能調製出極為出色的雞尾酒。因此，請勇於嘗試各種想法，不斷從錯誤中學習，一步一腳印地找出享用新材料的方法。

在保留基本配方的前提下，增添些許特色。（山田）

　　現行酒譜是否有辦法變得更美味呢？在日復一日思考這個問題之後，我找到的方式是將材料的一部分更換成其他品牌的酒款。以內含 55ml 琴酒的馬丁尼為例，我可能會選用 50ml 經冷凍的倫敦琴酒（London Hill Gin），再搭配 5ml 的常溫老湯姆琴酒（Old Tom Gin）。這麼做，能夠展現出單一種類無法辦到的味道層次、深度及立體感。不過，我不會改變基本酒譜的組成比例，也不會調配出明顯反常的味道，而是僅增添些許自我特色，只有極少數的常客有可能注意到。

　　同樣地，我也會將一部分的香甜酒稍微煮得更濃稠一些。具體而言，是把一半的香甜酒熬煮至剩下一半的量，然後再混入原本的香甜酒中。當然，此舉可以突顯出香甜酒的濃縮感和甜味精華，不過，當初之所以會想到要這麼做，是因為我想重現從前的香甜酒風味，在不斷嘗試與修正後，這就是我所得到的結論。現今有許多品牌皆是以經過改良的清爽風味為主流，然而，對於雞尾酒來說，富個性且具濃縮感的材料較容易運用。

　　我覺得往後在突顯味道輪廓或調製更加複雜的風味時，為了實現自己心中所想像的味道，應該會越來越常需要這樣為材料進行「前置作業」的準備吧。

2 請說明調製雞尾酒的重點

何謂直接注入法的「適量」

根據基酒的性質來判斷。（山田）

所謂的適量，需要視基酒性質（是否易於與稀釋用材料相融合等）和酒杯而定，無法一概而論，不過，若是用水或蘇打水來稀釋的基本配方，基酒和稀釋用材料的比例大約是 1：2.5，該 2.5 可以調整至 2.0 ～ 3.5 之間的數值。

加水威士忌和威士忌蘇打的適量，尤其會因為溫度而改變，所以，若能使成品在 5℃以下，只要不過度攪拌，皆不會有口感稀淡的問題。另外，黑醋栗蘇打等以具黏性之香甜酒搭配蘇打水的組合，意外地難以調製。此時，不妨先將部分蘇打水與香甜酒混合，之後再加入剩餘蘇打水，這麼做即可讓香甜酒變得不易下沉。無論如何，最重要的就是對材料性質的判斷。

想像果汁、水、碳酸等要素調製完成時各自的樣貌。（宮之原）

顧名思義，「適量」就是合適的量，因此，請在腦中想像最終味道，同時牢記各種稀釋用材料的不同之處。

果汁…加入順序通常次於酒精。比重大於酒精，較難混合，所以需要攪拌至確實混合。

水……加入順序通常次於酒精。使用確實冰鎮的冰水，藉此避免口感稀淡。

碳酸…加入順序通常次於酒精。材料和酒杯皆需事先確實冰鎮，注入時也要小心避開冰塊，以免碳酸氣體流失。應盡量減少攪拌次數。

關於溫度

冷卻過度會掩蓋材料原本的風味。「冷卻方式」十分重要。（宮之原）

如欲充分展現新鮮材料原有的味道，萬萬不可過度冷卻。在極凍狀態下，我們很難感受到水果天然的香氣、甜味和柔軟口感。

本來，水果就有冰過較美味及冰了味道會不見之分。此外，材料在不同狀態下的適溫也會有所改變，譬如「後熟需在常溫（室溫）下」、「熟透後需以冷藏保存」等。像是對溫度特別敏感的桃子，在營業時只要浸泡於冰水中，不用放冰箱即可適度冷卻，其特有的甜味和香氣也更容易釋出。順帶一提，在我的店裡，蘇打水和香檳同樣是浸在冰水中冰鎮，這麼做不僅能減少冰箱開開關關所造成的溫度變化，也因為冷卻的溫度和水果差不多，所以能夠完美地融合在一起。

除上述以外，還有不少冷卻方法，譬如，與少量細粒碎冰一同用電動攪拌器攪打，用單顆冰塊進行搖盪（為避免稀釋過度），或是採用藉由高速轉動加速冰鎮的鑽木式攪拌法等。雞尾酒擁有獨特的舒暢沁涼感，請兼顧這個特性，找出各種材料及各種雞尾酒最適當的溫度。

最後斟酒時，短飲型雞尾酒應選用在冷凍庫冰鎮過的酒杯，純加冰塊或使用細粒碎冰的雞尾酒，則需謹記避免溶水過多，且不得過度冷卻。

溫度是最重要的項目之一，需掌握每款雞尾酒的合適溫度。（山田）

雞尾酒完成時的溫度極其重要，美味程度和成品溫度之間的關係密不可分。有時，冷卻至零度以下較為美味，然而，過度冷卻也可能削弱甜味和醇厚口感，所以對於某些酒款而言冷卻或許不是重點。問題是「如何」冷卻。只要冰杯就可以嗎？還是需要長時間搖盪或攪拌比較好？材料是否該冷藏或冷凍呢？請兼顧稀釋和其他各個層面，以鎖定決定溫度的要素。

儘管各款雞尾酒的適溫範圍已大致底定，但是，當天的氣溫和天候也可能改變「喝起來順口的溫度」，請特別留意。另外，若有團體客同時點酒，建議從霜凍類和使用新鮮水果的雞尾酒開始調製，接著是加蘇打水稀釋的直接注入類，最後才輪到短飲型雞尾酒。如此即可確保大家一起乾杯時的溫度皆是適溫。

酒精濃度和無酒精雞尾酒的調製方法

無酒精雞尾酒的構成應以甜味為主軸。（山田）

酒精濃度儘管也取決於雞尾酒種類，但我還是會盡量迎合顧客的喜好。

調製無酒精雞尾酒時，步驟幾乎相同於一般的原創雞尾酒。一開始先決定甜味部分，然後再用其他材料與之配合，如此就能輕鬆地決定味道。請依照「風味糖漿→果汁→香草、香料等其他材料」的順序來調製。

順帶一提，我在創作雞尾酒時，經常是以甜味香甜酒為主軸。甜味香甜酒分為果實類、莓果類、藥草類、奶油類（包含巧克力香甜酒在內）、種子類等五大類，我發現，只要在各自的分類中變化一下搭配方式，不僅可以直接決定色彩，就算結構複雜，在調味上也不會太難。

因為是完全客製化，所以更應該去符合顧客的喜好。（宮之原）

基本上，我的原創雞尾酒皆可完全為顧客量身訂做，所以酒精濃度同樣會配合顧客喜好。呈上第一杯酒之後，我會確認味道是否貼近顧客要求，同時觀察其飲用速度和飲用時的氣氛，作為下一杯雞尾酒的參考。

當顧客提出想喝強勁一點的酒時，我們要做的並非單純地提高酒精濃度或增加酒精的量，而是改用風味特殊的酒類來當作基酒，藉此使雞尾酒喝起來更有感覺。

調製無酒精雞尾酒時，雖然調味簡單，但口味必須是雞尾酒。也就是說，無酒精雞尾酒並非只是綜合果汁，我會用心思考五味的組成與均衡，以調製出具有深度的風味。

3 對於工具和材料有哪些特殊堅持？

基酒的種類

基酒會根據季節做變化，不做浸漬酒（infusion）等再製酒。（宮之原）

　　我的基酒會根據季節而改變。大概的品項有伏特加 8 種、琴酒 8 種、威士忌 7 種、蘭姆酒 3 種、龍舌蘭 8 種，這些酒款的個性皆不是特別強烈。至於精釀烈酒（craft spirits），則會思考該如何發揮其獨特的個性。

　　此外，我的店完全不做浸漬酒或調合酒等再製酒。因為，對於其使用期限和容器衛生方面等，皆無法全然放心。

剛開始使用的種類較少，待逐漸能夠實現腦中想像的味道後再增加。（山田）

　　對於基酒，每當新產品推出，我一定會去試喝。原則上，一開始每類酒先各準備一種，待能夠調製出符合想像的雞尾酒後，再逐步慢慢增加種類。目前在我的店裡，儘管每類酒皆有 5 ～ 6 種品項，但還是會因應需求增添新的種類。雖然酒類豐富也可以變成一家店的風格，然而，倘若導致周轉率變差，那就賠了夫人又折兵了。

調酒器具

搖酒器選用具穩定感的 YUKIWA。刻度調酒杯則是切子的款式。（山田）

　　對於搖酒器，我十分喜愛 YUKIWA 這個老品牌，它不但用起來順手，而且品質穩定。切子玻璃雕花的刻度調酒杯，內側經過研磨，因此冰塊能夠流暢地滑動。我會從口徑大小、重量是否適中，以及外觀的美感來挑選。電動攪拌器方面，我選用的是棒狀的手持型電動攪拌器，品牌為德國百靈（Braun）。

　　除了專業工具以外，能夠直立擺放夾具和相關工具的小收納盒也很便利。此外，考量到維護上的方便性，我是以塑膠瀝水盆搭配不鏽鋼調理盆來取代冰桶。

搖酒器等選用的是 BIRDY，且會探尋適合該工具的使用方法。（宮之原）

　　我的搖酒器、吧叉匙和量杯皆是出自於日本 BIRDY；刻度調酒杯為燒杯；電動攪拌器則是美國漢美馳（Hamilton Beach）的調理機。BIRDY 為新興品牌，其產品擁有諸多劃時代的構造，例如搖酒器內壁經過高精度研磨等，因而備受矚目。不過工具固然重要，但是能否充分發揮其功效，其實還是取決於使用者。並非工具獨特就一定能調製得美味，而是需要去探尋適合該工具的搖盪方式，並且盡力去執行。

　　除了調酒器具之外，我也推薦營業時可以使用放置香草材料的塑膠盒等各種保存容器，以及用於分裝香甜酒等的小瓶子，還有用來裝糖漿的醬汁瓶等。

冰塊

配合當天的材料和酒杯，需使用時再切割。（宮之原）

　　我是將經過切割的冰磚先冷凍一晚，使其變硬後再使用。所有冰塊皆是於店裡手工切割，因此不會向製冰廠明訂確切尺寸。由於我們會根據季節更換使用的酒杯，材料的品項和狀態也是日異月更，所以我認為，配合當天狀況，使用前再進行切割是較有效率的做法。

　　另外，我本身在向業者下訂單時，幾乎沒有提出「我想要這樣或那樣的冰塊」等詳細指示。首要是確認彼此都是為了成為優良店家而努力，有了這一步認知後，以製冰業者為例，對方可能會特意將品質較好的冰塊出貨給我，或是在各方面予以通融。建立相互信任的關係非常重要。

為了減輕作業負擔，加工冰塊有一部分為委外製作。（山田）

　　對於冰塊，內部沒有裂縫或空洞是必備條件。接下來，才會斟酌價格和交貨方式等條件來挑選業者。敝店委外製作的項目有：將一貫大冰塊切分成 16 等分的尺寸、4cm 立方冰和方塊冰（邊長 2～3cm）等三種。以前，所有的冰塊皆是在店內切割，但是後來判斷委外製作較能減輕員工的作業負擔。

　　收到上述冰塊後，16 等分會拿來塑形成鑽石型冰塊或球型冰塊；部分立方冰會拿來製成細粒碎冰，剩下的則會稍微用水沖洗，以統一尺寸。然後，依照尺寸和形狀分裝至密封袋，置入冷凍庫冰一晚，使其更加堅硬。

　　冰塊不僅是用於冷卻材料和酒杯的方式，同時也是用於混合的工具，用於純加冰塊類雞尾酒的冰塊，更是直接作為商品的一部分映入顧客眼簾。處理冰塊時應保持緊張感、動作要快，同時別忘了操作要仔細而謹慎。

酒杯

選購適合店內氣氛的款式，並以顧客的角度來挑選。（山田）

　　我的酒杯挑選基準分別為是否符合店內氣氛，以及風格是否吻合自己想打造的雞尾酒。將雞尾酒視為作品，酒杯則是最後的畫龍點睛。敝店不靠華麗裝飾或裝盤來呈現，而是希望突顯酒杯本身的存在感。此外，有時也會從顧客的角度來挑選酒杯，譬如，女性顧客多偏好精緻而輕盈的酒杯，因此我會選用古董杯等較為講究的款式；對於男性顧客，則可能挑選具有厚重感的類型。

如同將畫作裱框一般，配合雞尾酒來選擇。（宮之原）

　　我店裡的酒杯種類十分豐富，其中，尤以款式吸睛或富設計感的類型最多。對於標準雞尾酒，我會選用古董杯或古典金屬杯等；原創雞尾酒的話，有時也會採用形狀獨特的 TIKI 杯等。配合雞尾酒來挑選酒杯非常重要，重要性就好比是最後將完成的畫作裱入畫框一樣。

62款雞尾酒酒譜

解說者：山田高史

閱讀說明

- 果汁皆榨取自新鮮水果且經冷藏。
- 若使用到兩種以上的技法，事先混合材料的預調手法係以 ⑭ 來表示；用電動攪拌器攪拌、打發，則以 ⑰ 表示。同樣地，於完成時，倒入碳酸者以 ⑫ 表示，採用漂浮法的以 ⑮ 表示。

技法分類及各分類代表性的雞尾酒如下述：

搖盪法
❶ 二段式（雪白佳人）
❷ 二段扭轉式（獅子座）
❸ 一段式（鹹狗）
❹ 一段扭轉式（側車）
❺ 一段式（亞歷山大）
❻ 波士頓式（新加坡司令）

攪拌法
❼ 竹子
❽ 曼哈頓
❾ 北極捷徑
❿ 吉普森
⓫ 賽澤瑞克

直接注入法
⓬ 碳酸類（琴湯尼）
⓭ 加水稀釋類（螺絲起子）
⓮ 預調（法蘭西集團）
⓯ 漂浮（漂浮威士忌）

電動攪拌法
⓰ 有冰塊（霜凍黛克瑞）
⓱ 無冰塊（血腥瑪麗）

1. 馬丁尼 Martini

類型❼⓮／p.51

琴酒〔London Hill ／冷凍〕	50ml
琴酒〔Hayman's Old Tom ／常溫〕	5ml
苦艾酒*	5ml
橄欖〔西西里島產〕	1 顆
檸檬皮油	1 灑

＊苦艾酒（調合）
使用 Noilly Prat 與 Mancino Bianco，以 10：1 調合而成。

將材料倒入刻度調酒杯，輕輕晃杯使溫度上升。接著放入冰塊攪拌，完成後斟入雞尾酒杯。最後以插在雞尾酒酒籤上的橄欖做裝飾，並噴灑檸檬皮油。

point

○馬丁尼追求的是喝第一口時的沁涼感觸，以及沁涼中不失柔和與整體感的滋味。在進行諸多嘗試後，我發現，有別於利用攪拌來使溫度下降，採用新手法更能接近理想的成品表現。首先，於常溫的刻度調酒杯中倒入冷凍琴酒（－ 15℃）和所有材料，稍微搖晃調酒杯，藉此冷卻調酒杯，同時讓液體溫度上升至 3℃左右。然後加入冰塊，並按照以往的方式攪拌。

○若只使用冷凍琴酒，味道會顯得生硬，因此透過常溫的老湯姆琴酒來增添甜味和香氣。苦艾酒中，同樣也添加了些許甜味。

○切記攪拌應當謹慎而縝密，避免因攪拌過度造成過度稀釋，沖淡了該有的味道。此酒譜的比例看似略為辛辣，但實際上屬於甘甜而柔和的風味。

2. 曼哈頓 Manhattan

類型❽／p.63

威士忌〔Canadian Club 12 年／冷藏〕	45ml
苦艾酒〔Carpano Antica Formula〕	15ml
Griottines 酒漬櫻桃	1 顆
檸檬皮油	1 灑

將冰塊放入刻度調酒杯，以噴霧瓶噴水，稍微攪拌

一下，瀝乾水分。接著加入材料攪拌，並斟入雞尾酒杯。最後以插在雞尾酒籤上的橄欖做裝飾，並噴灑檸檬皮油。

point

○曼哈頓的魅力在於整體感，以及具有深度的味道。Canadian Club 擁有甘甜柔和的現代風味，搭配 Carpano 則能增添熟成感和複雜層次。

○Griottines 酒漬櫻桃的味道很天然，是我十分愛用的食材。

3. 琴蕾 Gimlet

類型❶

琴酒〔London Hill ／冷凍〕	45ml
琴酒〔Nikka Coffey Gin ／常溫〕	略少於 5ml
萊姆汁	略多於 10ml
和三盆糖	1.5tsp.

採用搖盪法搖製，並斟入雞尾酒杯。

point

○琴蕾的美味之處在於能夠恰到好處地展現琴酒風味。為了賦予其稍微複雜的香氣，我選擇添加少量富有草本特性的 Nikka Coffey Gin。Nikka Coffey Gin 所散發的山椒香，可以作為萊姆和琴酒之間的良好「接著劑」。

○琴蕾原本就屬於偏甜的雞尾酒，因此，成品要能在感覺到萊姆的酸味之餘，仍然呈現微甜口味。選用和三盆糖是因為其無雜味且餘韻美妙。

○甜味和酸味之間的平衡很難掌握，因此，在搖盪搖酒器之前，請確認味道，假如感覺到酸味，就加些和三盆糖，倘若太甜，則可多加點萊姆汁。目標是調製出甜酸適中、沁涼且具整體感的琴蕾。

4. 側車 Sidecar

類型❹／ p.61

白蘭地〔Frapin VSOP ／冷藏〕	35ml
君度橙酒	15ml
Grand Marnier 香橙甜酒	5ml
檸檬汁	略少於 10ml

採用搖盪法搖製，並透過雙層濾網斟入雞尾酒杯。

point

○調製側車時，很難將來自檸檬的酸味掌握得恰到好處。太少會顯得沒個性而容易膩，太多又會破

壞白蘭地香醇的餘韻。因此，請特別注意檸檬汁的量和酸味調整。

○採用加入扭轉動作、略微複雜的搖盪法，藉此使整體確實飽含空氣，在斟入酒杯之後散發白蘭地的香氣。

○對於要使棕色烈酒飽含空氣的雞尾酒，上面最好不要浮有碎冰。因此以濾茶網（雙層濾網）過濾後斟入酒杯。另外，考量到只有君度橙酒的話，口味可能略顯單調，所以另添加 Grand Marnier 香橙甜酒，藉此增添複雜感與深度。

5. 雪白佳人 White Lady

類型❶／ p.64

琴酒〔London Hill ／冷凍〕	35ml
君度橙酒	15ml
檸檬汁	10ml

採用搖盪法搖製，並斟入雞尾酒杯。

point

○對於單純將甜味、酸味、基酒組合在一起的短飲型雞尾酒，雪白佳人為其基本型。這款雞尾酒也是對我意義重大的原點，每當我想回歸基本面的時候，總會拿出來調製。其搖盪的程度為「絕對適中」。此所謂適中意外地難以掌握，因此一旦確實習得，即可奠定搖盪法的基礎。

○雪白佳人的理想風味是能夠品嘗到基酒琴酒的特色，同時保有整體感，所有材料完美融為一體。君度橙酒需要確實混合，但是搖盪過度也會造成口感稀淡，所以必須找出那個不偏不倚的中心點。

○標準酒譜中的琴酒、君度橙酒、檸檬汁比例為 2/4、1/4、1/4。然而，現代的主流做法為使用新鮮檸檬汁，若按照從前的比例，酸味會變得太強。請視情況調整，設法讓基酒、酸味和甜味形成黃金三角。

6. X.Y.Z. X.Y.Z.

類型❶

蘭姆酒〔Bacardi Blanca ／冷凍〕	35ml
君度橙酒	略多於 15ml
檸檬汁	略少於 10ml

採用搖盪法搖製，並斟入雞尾酒杯。

point

○蘭姆酒跟所有甜味都很相配，因此，調製時會使

口味略為偏甜，藉此帶出蘭姆酒原本的風味。如同蜂蜜檸檬般的味道最為理想，請透過搖盪法，使君度橙酒確實混入酒體。

7. 俄羅斯三角琴　Balalaika

類型❶

伏特加〔Sobieski／冷凍〕	35ml
君度橙酒	15ml
檸檬汁	10ml

採用搖盪法搖製，並斟入雞尾酒杯。

point

○比起琴酒，伏特加的味道帶甜感，所以在調製此雞尾酒時，酸味會拿捏得比雪白佳人略多一點。然而，增加的範圍極其微量，還不到會改變酒譜的程度。請展現伏特加特有的清新風味，同時留意避免口感稀淡。

8. 瑪格麗特　Margarita

類型❶／p.63

龍舌蘭〔Jose Cuervo Clasico／冷凍〕	35ml
君度橙酒	15ml
萊姆汁	10ml
沖繩海鹽	鹽口杯用

採用搖盪法搖製，並斟入以海鹽製作鹽口杯的雞尾酒杯。

point

○龍舌蘭除了帶有甜味之外，還散發類似胡椒或青椒的香氣。瑪格麗特在突顯基酒個性的同時，也必須呈現確實融合的整體感，如此才稱得上是理想風味。Jose Cuervo Clasico 口感清新又不失濃醇，使用其調製時，就和俄羅斯三角琴一樣可以稍微增加酸味。海鹽能夠進一步帶出其甘美滋味，但仍須避免沾取過多。

9. 沉默第三者　Silent Third

類型❶

威士忌〔Chivas Regal 12 年〕	35ml
君度橙酒	略多於 15ml
檸檬汁	略少於 10ml

採用搖盪法搖製，並斟入雞尾酒杯。

point

○ Chivas 12 年的特徵在於其蘊藏著蜂蜜、香草和蘋果風味。調製時，請充分發揮此基酒的熟成感和甜味。君度橙酒略多、酸味略減，並於搖製時留意使酒體富含空氣。

10. 黛克瑞　Daiquiri

類型❶

蘭姆酒〔Bacardi Blanca／冷凍〕	45ml
棕色蘭姆酒〔Bacardi 8〕	1tsp.
萊姆汁	略少於 15ml
和三盆糖	2tsp.

採用搖盪法搖製，並斟入雞尾酒杯。

point

○為了帶出蘭姆酒的甜味，這裡選用甜味溫和的和三盆糖，並且利用少量棕色蘭姆酒來補足濃醇度。

○請以充分發揮蘭姆酒特有的甜味為目標，找出何謂萊姆汁的「適量」。這款酒甜味和酸味之間的平衡極其重要，而粉末狀的和三盆糖不易計量，且就算全數按照酒譜的份量來調製，也會因為萊姆的狀態不同而影響味道。因此，若覺得偏酸就藉由增添和三盆糖來調整，覺得偏甜則增加萊姆汁。

11. 內華達　Nevada

類型❶

蘭姆酒〔Bacardi Blanca／冷凍〕	35ml
葡萄柚汁	20ml
萊姆汁	5ml
安格式苦精	2drops
和三盆糖	1tsp.

採用搖盪法搖製，並斟入雞尾酒杯。

point

○突顯蘭姆酒與葡萄柚的絕配關係，同時發揮兩者各自的甘甜風味。此酒譜葡萄柚汁加得略多，苦精則偏少量。

12. 瑪麗畢克馥　Mary Pickford

類型❹

蘭姆酒〔Bacardi Blanca／冷凍〕	30ml
鳳梨汁	30ml

紅石榴糖漿〔Monin〕 1tsp.
櫻桃香甜酒〔Luxardo Maraschino〕 1tsp.

採用搖盪法搖製，並透過雙層濾網斟入雞尾酒杯。

point

○瑪麗畢克馥是一款能夠讓人想起鳳梨鬆軟口感的
　偏甜雞尾酒。請判斷鳳梨的熟成程度，並加入扭
　轉動作以使酒體飽含空氣，最後透過濾茶網（雙
　層濾網）斟入酒杯。

○ Maraschino 的風味個性強烈，所以請小心用量，
　避免過多。僅添加少許即可提升味道的深度。

13. 後甲板　Quarter Deck

類型❶

蘭姆酒〔Bacardi Blanca／冷凍〕 略多於 35ml
雪莉酒〔Valdespino Inocente Fino〕 15ml
萊姆汁 略少於 10ml
和三盆糖 1tsp.

採用搖盪法搖製，並斟入雞尾酒杯。

point

○由蘭姆酒搭配雪莉酒的後甲板，是一款香氣馥郁
　的雞尾酒。標準酒譜並無加糖，然而，由於味道
　很容易偏酸，所以另添加和三盆糖。和三盆糖不
　僅能夠帶出蘭姆酒的甘美，還具有緩和雪莉酒熟
　成香的效果。

14. 往日情懷　Old-Fashioned

類型❶／p.55

威士忌〔Woodford Reserve〕 50ml
苦味香甜酒〔Gran Classico〕 5ml
蘋果糖漿* 5ml
安格式苦精 5dashes
　柳橙皮 1 片
　Griottines 酒漬櫻桃 2 顆

　＊蘋果糖漿（自製）
　將 200ml 的 100％ 蘋果汁（市售）與 100g 細砂糖一
　同加熱，並放入 1 根肉桂棒，熬煮至液體量剩一半。

將材料倒入裝有冰塊的古典杯內進行攪拌。以插在
雞尾酒籤上的橄欖做裝飾，接著，扭轉切成長條
形的柳橙果皮，並投入杯中。

point

○此酒譜的重點在於 Gran Classico。這款香甜酒能
　夠為味道增添深度與華麗感，並成為威士忌和糖
　漿之間的良好「接著劑」。

○我在這裡選用自製糖漿而非方糖，因為自製糖漿
　的味道與威士忌更相配，且能提升整體的香氣。

○近年來，往日情懷的熱潮再起。調製此款雞尾酒
　時，請以耐喝且具立體感的味道為目標。比起歐
　美調酒師，我覺得日本的調酒師似乎較不擅於使
　用苦精。對往日情懷，苦精的用法尤其重要，
　因此調製味道時請特別留意這點。

15. 內格羅尼　Negroni

類型❶

琴酒〔London Hill／冷凍〕 5ml
苦艾酒〔Carpano Antica Formula〕 15ml
苦味香甜酒〔Campari〕 10ml
苦味香甜酒〔Gran Classico〕 10ml
柑橘苦精* 2drops
　柳橙皮油 1 灑

　＊柑橘苦精（調合）
　使用安格式柑橘苦精與 Noord's 柑橘苦精，以 1：1 調
　合而成。

將材料放入聞香杯，確實混合均勻。然後倒入裝有
冰塊的古典杯內，稍微攪拌。最後噴灑上柳橙皮油。

point

○內格羅尼的美味，在於琴酒清爽的獨特風味，以
　及那綿長甘苦的餘韻。調製重點為採用 Campari
　和 Gran Classico 兩種苦味香甜酒，其中 Gran
　Classico 尤其能夠使整體與具熟成感和複雜層次
　的 Carpano 相融合。

16. 紐約　New York

類型❶

威士忌〔Seagram's Seven Crown／冷藏〕略多於 45ml
萊姆汁 略少於 15ml
紅石榴糖漿〔Monin〕 1tsp.
和三盆糖 1.5tsp.
　柳橙皮油 1 灑

採用搖盪法搖製，並斟入雞尾酒杯。最後噴灑上柳
橙皮油。

酒譜＆食材集

○將 Seagram's 冷藏的原因在於希望盡可能減少棕
　色烈酒的稀釋。材料冰鎮後，就算搖盪程度相同，
　也能降低溶水率。

○我個人偏好略為偏甜的紐約，所以刻意減少了酸
　味。這麼做也較能夠突顯威士忌的甘醇和香氣。

17. 邱吉爾　Churchill

類型❶

威士忌〔Chivas Regal 12 年〕	35ml
君度橙酒	略多於 10ml
苦艾酒〔Carpano Antica Formula〕	略多於 5ml
萊姆汁	略少於 10ml

採用搖盪法搖製，並斟入雞尾酒杯。

point

○添加 Carpano 即可展現威士忌的甘醇，同時調配
　出複雜而豐富的滋味。

18. 亞歷山大　Alexander

類型⓮ ❺／p.62

白蘭地〔Frapin VSOP ／冷藏〕	20ml
可可香甜酒〔Eyguebelle Liqueur de Cacao Brun〕	20ml
鮮奶油（47% 打至 9 分發）	32g

將打至 9 分發的鮮奶油與材料混合。採用慢速搖盪
法調製，並斟入淺碟形香檳杯。最後依喜好撒上極
少量的肉豆蔻（份量外）。

point

○目標為打造出具壓倒性的輕柔綿密口感。飲用完
　畢後杯內會殘留泡沫，因此請於最後送上湯匙。

○以鮮奶油和可可香甜酒的甘醇香氣，搭配上白蘭
　地的芳醇滋味，是一款十分受歡迎的雞尾酒。為
　了配合輕柔綿密的口感，白蘭地的量略為節制。
　先將材料加入打至 9 分發的鮮奶油進行預調，之
　後的搖盪動作僅是為了冷卻。

19. 傑克玫瑰　Jack Rose

類型❹／p.53

Calvados 蘋果白蘭地 　〔Père Magloire Fine V.S. ／冷藏〕	略少於 40ml

紅石榴糖漿*	略多於 15ml
萊姆汁	略多於 5ml

　＊紅石榴糖漿（自製）
　用紗布包裹新鮮紅石榴來榨出果汁。將果汁與糖漿
　（Carib）以 3：2 的比例混合。無需加熱，分裝成小
　份後冷凍保存。

採用搖盪法搖製，並透過雙層濾網斟入雞尾酒杯。

point

○為了突顯 Calvados 的香氣，採用加入扭轉動作的
　搖盪法，藉此使酒體確實飽含空氣，最後再以濾
　茶網（雙層濾網）過濾並斟入酒杯。

○自製紅石榴糖漿是在石榴採收時期一次購入、製
　作，再冷凍起來備用。其特徵在於自然高雅的甜
　味，不僅能讓雞尾酒的味道變得柔和，Calvados
　華麗的香氣也隨之鮮明了起來。另外，由於使用
　的是新鮮果汁，所以糖漿的黏度較低，調製方法
　也因此可以從二段扭轉式，改為一段扭轉式（變
　輕鬆了）。

20. 美國佳麗　American Beauty

類型❹ ⓯／p.56

白蘭地〔Frapin VSOP ／冷藏〕	20ml
苦艾酒〔Noilly Prat Original Dry〕	10ml
紅石榴糖漿〔Monin〕	10ml
柳橙汁	20ml
薄荷香甜酒〔Get 31 White〕	1tsp.
波特酒	漂浮

採用搖盪法搖製，並透過雙層濾網斟入雞尾酒杯。
最後倒入少量波特酒，使其漂浮在最上層。

point

○美國佳麗屬於偏甜雞尾酒，味道優雅而華麗，薄
　荷香甜酒更是為其點綴上舒心好滋味。

○採用加入扭轉動作的搖盪法，以釋出白蘭地特有
　的風味。切勿加入過多波特酒，約 2tsp. 即可。

21. 卡蘿　Carol

類型❽

白蘭地〔Frapin VSOP ／冷藏〕	45ml
苦艾酒〔Carpano Antica Formula〕	15ml
Griottines 酒漬櫻桃	1 顆
檸檬皮油	1 灑

將冰塊放入刻度調酒杯，並以噴霧瓶噴水，稍微攪拌一下，瀝乾水分。接著加入材料進行攪拌，並斟入雞尾酒杯。最後以插在雞尾酒酒籤上的酒漬櫻桃做裝飾，並噴灑檸檬皮油。

point

○此為白蘭地版本的曼哈頓。調製重點在於帶出白蘭地的芳醇香、Carpano 的熟成感，以及複雜口感。

22. 蜜月　Honeymoon

類型❹

Calvados 蘋果白蘭地	
〔Père Magloire Fine V.S. ／冷藏〕	35ml
廊酒〔Bénédictine D.O.M.〕	略多於 15ml
檸檬汁	略少於 10ml
Grand Marnier 香橙甜酒	1tsp.

採用搖盪法搖製，並透過雙層濾網斟入雞尾酒杯。

point

○ Calvados 的香氣芳醇，而 Bénédictine 的香氣彷若香草植物或紅茶，充滿複雜感，兩者合而為 ，打造出此款華麗的雞尾酒。調製得略為偏甜更顯美味。

○為了突顯 Calvados 的香氣，這裡採用加入扭轉動作的搖盪法，藉此使酒體確實飽含空氣，最後再以濾茶網（雙層濾網）過濾並斟入酒杯。

23. 琴湯尼　Gin & Tonic

類型❶❷／ p.57

琴酒〔London Hill ／冷藏〕	40ml
萊姆汁〔當場現榨〕	5ml
通寧水〔Orituru Cider〕	100ml
蘇打水〔Orituru Cider〕	5ml
萊姆皮油	1 灑

於高球杯內放入 2 顆冰塊，接著倒入琴酒和現榨的萊姆汁，混合均勻，使整體冷卻。然後再多放入 1 顆冰塊，並倒入冰鎮過的通寧水和蘇打水，攪拌約兩圈。最後灑上萊姆皮油。

point

○剛榨好的萊姆汁酸味柔和。反之，隔一段時間後，就會呈現較尖銳的酸味，味道變得難以與通寧水融合。因此，請當場現榨使用。

○同時使用通寧水和蘇打水，是為了中和通寧水的甜味。Orituru Cider 的通寧水和蘇打水，皆是專

為調製雞尾酒所量身訂做。其通寧水散發著小豆蔻的清爽香氣，甜度也較低。蘇打水則兼具粗泡沫和細泡沫，十分容易與烈酒混合。

○琴湯尼不僅是一款人氣雞尾酒，它還集結了各種關鍵技巧於一身，例如如何找出基酒、酸味（萊姆）和甜味（通寧水）之間的平衡點，以及採用直接注入法時，如何判斷所謂「適量」等，因此極為適合拿來訓練新進員工，運用此簡單的酒譜磨練身為調酒師的敏感度。

24. 琴費士　Gin Fizz

類型❶❷

琴酒〔London Hill ／冷凍〕	略多於 45ml
檸檬汁	略少於 15ml
和三盆糖	2tsp.
蘇打水〔Orituru Cider〕	60ml
檸檬皮油	1 灑

採用搖盪法混合琴酒、檸檬汁與和三盆糖，倒入高球杯。接著加入冰鎮過的蘇打水，並噴灑上檸檬皮油。成品不含冰塊。

point

○份量介於短飲型和長飲型雞尾酒之間。搖製完畢後，再添加蘇打水至應有的量。

○這款雞尾酒很容易口感稀淡，因而選擇以不加冰塊的形式出酒。也因為如此，高球杯請事先冰鎮。

○琴費士同樣非常適合用於培養調酒師對於基酒（琴酒）、酸味（檸檬）和甜味（和三盆糖）之間的平衡感。請將其視為基本，好好地熟練。

25. 莫吉托　Mojito

類型❷／ p.61

蘭姆酒〔Bacardi Blanca ／冷凍〕	40ml
棕色蘭姆酒〔Bacardi 8〕	5ml
萊姆汁	10ml
糖漿〔Carib〕	10ml
薄荷葉	10g
蘇打水〔Orituru Cider〕	30ml
薄荷葉	少許
吸管	1 根

於高球杯中加入薄荷葉、糖漿和少量細粒碎冰，用搗棒輕輕搗搗。然後將細粒碎冰加至 7 分滿，並倒入兩種蘭姆酒和萊姆汁，以上下混合的方式進行攪拌。接著倒入蘇打水，稍微攪拌，並將細粒碎冰加至高球杯的杯緣，最後再裝飾上薄荷葉和吸管。

point

○一開始混合薄荷、糖漿和冰塊的步驟,等於是現場製作薄荷糖漿。薄荷葉請小心避免搗輾過度。

○同時使用白色和棕色兩種蘭姆酒,能夠突顯濃度。莫吉托的清爽滋味在炎熱季節十分受歡迎,其中萊姆和薄荷之間的協調感是美味的關鍵。

26. 莫斯科騾子 Moscow Mule

類型⓬

生薑伏特加浸漬酒〔Smirnoff〕*	30ml
檸檬角	1/4 顆檸檬
薑汁汽水〔Orituru Cider〕	90ml

＊生薑伏特加浸漬酒
薑去皮後切塊,浸泡於伏特加中。第 2 天起就能使用,薑塊無需取出,常溫保存即可。

將檸檬角的果汁擠入銅製馬克杯,再順勢投入杯中,並放入 5 顆 2cm 立方冰及 1 顆 4cm 立方冰。最後倒入伏特加和薑汁汽水,稍微進行攪拌。

point

○將生薑香氣表現得恰到好處的清爽雞尾酒。銅製馬克杯與綠色十分相襯,因此擠榨過後的檸檬角直接投入杯內。同樣地,考慮到視覺美感,選擇了兩種不同尺寸的冰塊來搭配。

○此酒譜的重點在於使用專為雞尾酒所開發的薑汁汽水。這款薑汁汽水的發泡性比一般薑汁啤酒（ginger beer）強勁許多,而且未使用焦糖,所以顏色透明、甜度適中,薑味更是十分明顯。

27. 鹹狗 Salty Dog

類型❸／ p.57

伏特加〔Sobieski ／冷凍〕	30ml
葡萄柚汁*	60ml
玻利維亞岩鹽	鹽口杯用
葡萄柚皮油	1 灑

＊關於葡萄柚汁
葡萄柚汁或柳橙汁的味道差別範圍甚大,因此使用時需先加以確認,如有必要可透過補糖（和三盆糖等）或補酸（檸檬等）來調整。

在以岩鹽製作鹽口杯的古典杯內放入冰塊,接著以搖盪法搖製,斟入酒杯,最後噴灑上葡萄柚皮油。

point

○鹹狗是一款能夠展現葡萄柚香氣與美味的雞尾酒。透過搖盪法使酒體確實飽含空氣,並斟入放有 1 顆 4cm 立方冰的酒杯當中,以純加冰塊的方式提供。

28. 綠色蚱蜢 Grasshopper

類型⓮ ❺

薄荷香甜酒〔Get 27 Green〕	20ml
可可香甜酒	
〔Eyguebelle Liqueur de Cacao Blanc〕	20ml
鮮奶油（47% 打至 9 分發）	32g

將打至 9 分發的鮮奶油與材料混合。採用慢速搖盪法調製,並斟入淺碟形香檳杯。

point

○目標為打造出具壓倒性的輕柔綿密口感,風味類似於巧克力薄荷冰淇淋。飲用完畢後杯內會殘留泡沫,因此請於最後送上湯匙。

29. 鬥牛士 Matador

類型❹

龍舌蘭〔Jose Cuervo Clasico ／冷凍〕	30ml
鳳梨汁	45ml
萊姆汁	5ml
和三盆糖*	1tsp.

＊根據鳳梨熟成的程度,可透過增加和三盆糖來補足甜味。

採用搖盪法搖製,並透過雙層濾網斟入裝有冰塊的古典杯。

point

○龍舌蘭和鳳梨交織出美味的協奏曲。請利用加入扭轉動作的搖盪法來使鳳梨汁富含空氣,打造輕柔的口感。最後以濾茶網（雙層濾網）過濾並斟入酒杯。

30. 反舌鳥 Mockingbird

類型❶

| 龍舌蘭〔Jose Cuervo Clasico ／冷凍〕 | 35ml |

薄荷香甜酒〔Get 27 Green〕	略多於 15ml
萊姆汁	略少於 10ml

採用搖盪法搖製,並斟入雞尾酒杯。

point────

○龍舌蘭的個性與薄荷的清爽感十分相配,反舌鳥
即是將兩者合而為一雞尾酒。萊姆汁用以帶出龍
舌蘭的甜味,要特別注意用量。

31. 竹子 Bamboo

類型❼/ p.59

雪莉酒〔Valdespino Inocente Fino /冷藏〕	40ml
苦艾酒*	20ml
柑橘苦精**	2dashes

＊苦艾酒(調合)
使用 Noilly Prat 與 Mancino Bianco,以 10:1 調合而成。
＊＊柑橘苦精(調合)
使用安格式柑橘苦精與 Noord's 柑橘苦精,以 1:1 調
合而成。

將冰塊放入刻度調酒杯,以噴霧瓶噴水,稍微攪拌
一下,瀝乾水分。接著加入材料進行攪拌,完成後
斟入雞尾酒杯。

point────

○這款雞尾酒令人聯想到竹林的寂靜,以及日本人
的凜然之姿。儘管不是一款華麗的酒,但仍希望
能夠展現其清新脫俗的風味。竹子發源於橫濱,
對我個人來說也是一款十分重要的經典雞尾酒。

32. 北極捷徑 Polar Short Cut

類型❾/ p.60

棕色蘭姆酒〔Bacardi 8〕	20ml
棕色蘭姆酒〔Ron Zacapa〕	5ml
君度橙酒	10ml
櫻桃白蘭地〔Heering〕	15ml
苦艾酒*〔冷藏〕	10ml

＊苦艾酒(調合酒)
使用 Noilly Prat 與 Mancino Bianco,以 10:1 調合而成。

將材料放入聞香杯確實混合均勻。接著倒入裝有冰
塊的刻度調酒杯內進行攪拌,最後斟入雞尾酒杯。

point────

○由於材料的黏度較高,所以先於聞香杯中預調後
再進行攪拌。
○於棕色蘭姆酒的芳醇香中,注入君度橙酒和
Heering 櫻桃白蘭地,藉此提升酒體感,屬於口感
醇厚的雞尾酒,也很適合搭配雪茄享用。

33. 卡羅素 Caruso

類型⓮ ❽

琴酒〔London Hill /冷凍〕	35ml
薄荷香甜酒〔Get 27 Green〕	15ml
苦艾酒*	10ml

＊苦艾酒(調合)
使用 Noilly Prat 與 Mancino Bianco,以 10:1 調合而成。

將材料倒入刻度調酒杯,輕輕晃杯,使溫度上升。
接著放入冰塊進行攪拌,完成後斟入雞尾酒杯。

point────

○卡羅素為馬丁尼的延伸,可以說是薄荷風味的馬
丁尼。整體散發薄荷香甜酒的甜味,酒液充滿光
澤且散發漂亮的透明感。
○相同於馬丁尼,將冷凍後的琴酒(－ 15℃)與其
餘材料一同放入常溫的刻度調酒杯,在冷卻調酒
杯的同時,使液體上升至 3℃左右。接著按照平
常的方式進行攪拌。
○切記攪拌應當謹慎而縝密,避免因攪拌過度造成
過度稀釋,沖淡了該有的味道。

34. 巴黎人 Parisian

類型❾

琴酒〔London Hill /冷凍〕	35ml
黑醋栗香甜酒	15ml
苦艾酒*	10ml

＊苦艾酒(調合)
使用 Noilly Prat 與 Mancino Bianco,以 10:1 調合而成。

將材料放入聞香杯確實混合均勻。接著倒入裝有冰
塊的刻度調酒杯內進行攪拌,最後斟入雞尾酒杯。

point────

○巴黎人為馬丁尼的延伸,於琴酒香氣之中,融合
著黑醋栗香甜酒的厚度和酒體感。調合苦艾酒為
兩者之間的良好「接著劑」。

○黑醋栗香甜酒的黏度高，冷凍後的琴酒也較難以混合，因此利用聞香杯預先混合均勻。

○切記攪拌應當謹慎而縝密，避免因攪拌過度造成過度稀釋，沖淡了該有的味道。

35. 飛行　Aviation

類型❸

琴酒〔London Hill ／冷凍〕	略多於 45ml
檸檬汁	略少於 15ml
櫻桃香甜酒〔Luxardo Maraschino〕	略多於 1tsp.

採用搖盪法搖製，並斟入雞尾酒杯。

point

○飲用起來十分爽口的清爽型雞尾酒。掌握琴酒和檸檬汁之間的協調比例，並以 Maraschino 作為點綴，小心勿添加過量。

36. 香榭大道　Champs Élysée

類型❹

白蘭地〔Frapin VSOP ／冷藏〕	35ml
Chartreuse 蕁麻酒〔黃色〕	略少於 20ml
檸檬汁	略少於 10ml
安格式苦精	2drops

採用搖盪法搖製，並透過雙層濾網斟入雞尾酒杯。

point

○相同於側車，香榭大道也很難將來自檸檬的酸味掌握得恰到好處。太少會顯得沒個性而容易膩，太多又會破壞白蘭地的香醇餘韻。因此，請特別注意檸檬汁的量和酸味調整。

○採用加入扭轉動作的搖盪法，使酒體確實飽含空氣，最後以濾茶網（雙層濾網）過濾並斟入酒杯。調製出的成品應散發白蘭地和 Chartreuse 的甜味和香氣。

37. 床第之間　Between the Sheets

類型❹

白蘭地〔Frapin VSOP ／冷藏〕	20ml
蘭姆酒〔Bacardi Blanca〕	20ml
君度橙酒	20ml
檸檬汁	1tsp.

採用搖盪法搖製，並透過雙層濾網斟入雞尾酒杯。

point

○儘管這是一款高酒精濃度的雞尾酒，但因為帶甜味而使得喝起來意外地順口。為了釋出白蘭地的芳醇香，這裡採用加入扭轉動作的搖盪法，藉此使酒體確實飽含空氣，最後以濾茶網（雙層濾網）過濾並斟入酒杯。

38. 地震　Earthquake

類型❶

琴酒〔London Hill ／冷凍〕	30ml
威士忌〔Chivas Regal 12 年〕	20ml
Pernod 茴香香甜酒	10ml

採用搖盪法搖製，並斟入雞尾酒杯。

point

○這款雞尾酒的特徵在於威士忌的醇厚感及淡淡甜味，酒精濃度高，不過，只要協調性掌握得好，喝起來就順口。其中的關鍵就是 Pernod 的量，標準酒譜中所有材料的份量相同，然而減量後的比例較能打造出整體感。

39. 墮落天使　Fallen Angel

類型❸

琴酒〔London Hill ／冷凍〕	略多於 45ml
檸檬汁	略少於 15ml
薄荷香甜酒〔Get 31 White〕	1tsp.
柑橘苦精*	1dash
安格式苦精	1drop

＊柑橘苦精（調合）
使用安格式柑橘苦與 Noord's 柑橘苦精，以 1：1 調合而成。

採用搖盪法搖製，並斟入雞尾酒杯。

point

○如同飛行，墮落天使也是以琴酒和檸檬作為骨架，並以薄荷及苦精作為點綴。柑橘苦精能夠增添華麗感。檸檬能夠突顯琴酒的甘美，其用量即為調製重點，應避免薄荷與苦精的味道太過明顯。

40. 吉普森　Gibson

類型⑩

琴酒〔No.3 London Dry Gin ／冷凍〕	略多於 55ml
苦艾酒*	略少於 5ml
柑橘苦精**	1drop
珍珠洋蔥	1 顆
檸檬皮油	1 灑

＊苦艾酒（調合）
使用 Noilly Prat 與 Mancino Bianco，以 10：1 調合而成。
＊＊柑橘苦精（調合）
使用安格式柑橘苦精與 Noord's 柑橘苦精，以 1：1 調合而成。

將材料倒入刻度調酒杯，輕輕晃杯，使溫度上升。接著放入冰塊進行攪拌，完成後斟入雞尾酒杯。最後以插在雞尾酒酒籤上的橄欖做裝飾，並噴灑上檸檬皮油。

point

○ No.3 琴酒風味古典且純粹不造作。藉由苦艾酒和苦精使這款琴酒展現出現代且時尚的風貌。透過快速而長時間的攪拌，打造出華麗口感。

41. 哥本哈根　Copenhagen

類型❶

阿夸維特酒〔Aalborg Taffel Akvavit ／冷凍〕	35ml
香橙干邑香甜酒〔Mandarine Napoleon〕	略多於 15ml
檸檬汁	略少於 10ml

採用搖盪法搖製，並斟入雞尾酒杯。

point

○透過搖盪法來調合阿夸維特酒的大茴香香氣及 Mandarine 的風味。相同於雪白佳人、俄羅斯三角琴和瑪格麗特等雞尾酒，請注意基酒、甜味和酸味之間的平衡。

42. 紅海盜　Red Viking

類型❶／p.61

阿夸維特酒	
〔Aalborg Taffel Akvavit ／冷凍〕	略多於 20ml
櫻桃香甜酒〔Luxardo Maraschino〕	略少於 20ml
含糖濃縮萊姆汁〔lime cordial〕	
〔Etna Lime Sweetened〕	20ml

採用搖盪法搖製，並斟入裝有冰塊的雞尾酒杯中。

point

○透過搖盪法來調合阿夸維特酒的大茴香香氣及 Maraschino 種子般的香氣。

43. 血腥瑪麗　Bloody Mary

類型⓱ ❸

伏特加〔Sobieski ／冷凍〕	30ml
水果蕃茄*	90g
玻利維亞岩鹽	鹽口杯用

＊水果蕃茄尚未變軟時果汁含量低，因此請待其熟軟後再使用。蕃茄的味道決定一切，所以需視情況進行補糖、補酸等調整。果汁不夠時，也可以利用柳橙汁或蔓越莓汁（市售）來補足。

※ 譯註：水果蕃茄為源自日本高知縣的高甜度蕃茄。

以電動攪拌器攪拌材料，透過濾茶網過濾後，再使用搖盪法搖製。在以岩鹽製作鹽口杯的古典杯內放入冰塊，並斟入搖製好的雞尾酒。

point

○血腥瑪麗將蕃茄的鮮味擺在最前頭，是一款能夠品嘗材料原有風味的雞尾酒。以鹽口杯及純加冰塊的方式提供。

○根據蕃茄熟成的程度，用手持型電動攪拌器確實攪拌，並徹底過濾。完成此步驟後，再透過搖盪法使其飽含空氣。

44. 熱奶油蘭姆拿鐵
Hot Buttered Rum Latte

類型⓮／p.60

棕色蘭姆酒〔Bacardi 8〕	20ml
棕色蘭姆酒〔Myers's〕	10ml
自製糖漿*	10ml
烤布蕾糖漿〔Monin〕	1tsp.
調合奶油**	1tsp.
牛奶	90ml
肉桂粉	適量

＊自製糖漿的做法請參考第 44 頁。
＊＊調合奶油（自製）
可爾必思奶油 300g、黑糖 50g、蜂蜜 20g、Myers's 蘭姆酒 25g、肉桂粉 1g。待奶油恢復常溫後，將全部材料混合均勻。

混合牛奶以外的材料，並將其中一半用微波爐加熱20秒。剩餘的一半則加入牛奶，並利用 Aeroccino 奶泡機 (Nespresso) 加熱與打奶泡。接著，將所有材料放入溫熱過的高球杯，輕輕攪拌，最後撒上肉桂粉。

point———

○此為熱奶油蘭姆的冬季特調升級版。對於這款能夠享用綿密奶泡的熱雞尾酒，有了 Aeroccino 奶泡機即可輕鬆製作出細緻的奶泡。

○同時使用兩種棕色蘭姆酒，不只能提升酒精加熱後的美味，更增添了香醇濃度。請事先將熱水倒入高球杯，使其溫熱。

45. 愛爾蘭咖啡　Irish Coffee

類型⓯

愛爾蘭威士忌〔JAMESON〕	25ml
熱咖啡*	120ml
紅糖	2tsp.
鮮奶油（47% 打至 7 分發）	40ml

＊選用以曼特寧咖啡豆為主體的綜合咖啡現泡使用，可以直接手沖，或利用賽風壺萃取出較濃的咖啡液。

將威士忌和紅糖放入（可直火加熱的）耐熱玻璃杯，用酒精燈等器具點火燒 10 秒左右，以揮發酒精。接著倒入咖啡，輕輕攪拌至紅糖完全溶解。最後，使打至 7 分發的鮮奶油漂浮其上。

point———

○這款雞尾酒能夠同時品嘗到咖啡和鮮奶油，以及酒精加熱後的鮮味。在顧客面前點火燒酒（flambé）時，請以安全為上。

46. 聖日耳曼　St.Germain

類型⓱ ❹

Chartreuse 蕁麻酒〔綠色〕	40ml
檸檬汁	10ml
葡萄柚汁	20ml
蛋白	1 個的量

先以電動攪拌器攪拌，再使用搖盪法搖製，並透過雙層濾網斟入雞尾酒杯。

point———

○打發蛋白的方法並非長時間搖盪，而是先利用電動攪拌器來打發（預調），再以搖盪法搖製。透

過加入扭轉動作的搖盪法，於釋放基酒香氣的同時，為打發後的蛋白注入更多空氣。

○輕柔蓬鬆的蛋白質地和檸檬的酸不容易調合，因此，這裡使用的檸檬量少於標準酒譜，藉此增進整體感。

47. 法式七五　French 75

類型❶ ⓬

琴酒〔London Hill ／冷凍〕	略多於 45ml
檸檬汁	略少於 15ml
和三盆糖	2tsp.
茴香香甜酒〔Pernod〕	2dashes
香檳	60ml

採用搖盪法混合琴酒、檸檬汁、和三盆糖和 Pernod，倒入裝有冰塊的高球杯，最後慢慢地斟入香檳。

point———

○此為日本十分少見之使用 Pernod 茴香香甜酒的酒譜，幾乎比照其發祥地哈利紐約酒吧（Harry's New York Bar）所調製的配方。Harry's 的配方係利用 Pernod 來增添味道深度，同時作為令人舒心的點綴風味，我也以此為調製的目標。

○相同於琴費士，採先搖盪再倒入碳酸的方式。考量到之後加入的香檳帶酸味，在搖盪階段先添加和三盆糖，使口味稍微偏甜。

48. 白蘭地火焰　Brandy Blazer

類型⓮／p.60

白蘭地〔Frapin VSOP ／冷藏〕	45ml
蘋果糖漿*	5ml
柳橙果皮	1 片
檸檬果皮	1 片

＊蘋果糖漿（自製）
將 200ml 的 100％蘋果汁（市售）與 100g 細砂糖一同加熱，並放入 1 根肉桂棒，熬煮至液體剩一半的量。

將材料放入（可直火加熱的）耐熱玻璃杯，稍微攪拌，用酒精燈等器具點火燒 10 秒左右，以揮發酒精。取出果皮，並斟入雞尾酒杯。

point———

○使白蘭地升溫至溫酒的程度。如此即可使口味略偏甜，香氣更加濃郁，同時賦予酒精加熱後的鮮

味，打造出多層次的滋味。

○ 柳橙和檸檬果皮皆為長條形，扭轉後投入材料中，燒過之後香氣已確實附著，因此可以取出。

○ 在顧客面前點火燒酒時，請以安全為上。

49. 賽澤瑞克　Sazerac

類型⑪／p.62

裸麥威士忌〔Old Overholt〕	60ml
裴喬氏苦精（Peychaud's Bitters）	5dashes
茴香香甜酒〔Pernod〕	6dashes
方糖	1 顆
檸檬果皮	1 片

將材料放入刻度調酒杯，並用搗棒搗碎及混合。接著加入冰塊，進行攪拌。倒入冰鎮過的古典杯，扭轉檸檬果皮並投入杯中。

point─────────

○ 為了溶解方糖，材料皆為常溫，因此攪拌時動作要快，避免稀釋過度，但是攪拌時間應略長。

50. 上海　Shanghai

類型❹

棕色蘭姆酒〔Appleton Estate 12 年〕	35ml
茴香香甜酒	10ml
紅石榴糖漿〔Monin〕	略多於 5ml
檸檬汁	略少於 10ml

採用搖盪法搖製，並透過雙層濾網斟入雞尾酒杯。

point─────────

○ 這款雞尾酒以大茴香充滿異國情調的芳香，搭配上棕色蘭姆酒的芳醇口感，盡展東洋風情。茴香香甜酒、紅石榴糖漿及檸檬皆是為了襯托棕色蘭姆酒，請找出它們之間的平衡點。

○ 採用加入扭轉動作的搖盪法，使酒體確實飽含空氣，藉此釋出棕色蘭姆酒的香氣。最後利用濾茶網（雙層濾網）過濾並斟入酒杯。

51. 譏諷者　Stinger

類型❹

白蘭地〔Frapin VSOP ／冷藏〕	45ml
薄荷香甜酒〔Get 31 White〕	15ml

採用搖盪法搖製，並透過雙層濾網斟入雞尾酒杯。

point─────────

○ 譏諷者是一款風味古典的雞尾酒，白蘭地的馥郁香氣和薄荷的清爽感融為一體。請配合白蘭地的品牌來調整香甜酒用量。

○ 為了突顯白蘭地的香氣，這裡採用加入扭轉動作的搖盪法，最後以濾茶網（雙層濾網）過濾並斟入酒杯。

52. 金色凱迪拉克　Golden Cadillac

類型⑭❺

藥草香甜酒〔Licor 43〕＊	20ml
可可香甜酒〔Eyguebelle Liqueur de Cacao Blanc〕	20ml
鮮奶油（47% 打至 9 分發）	32g

＊這裡使用 Licor 43 替代 Galliano 香甜酒。

將打至 9 分發的鮮奶油與材料混合。採用慢速搖盪法調製，再斟入淺碟形香檳杯。

point─────────

○ 味道宛如香草冰淇淋般香甜柔和，帶著令人懷念的滋味。飲用完畢後，杯內仍會殘留泡沫，因此請於最後送上湯匙。

53. 新加坡司令　Singapore Sling

類型❻／p.54

琴酒〔London Hill ／冷凍〕	30ml
廊酒〔Bénédictine D.O.M.〕	10ml
君度橙酒	10ml
櫻桃白蘭地〔Peter Heering〕	15ml
紅石榴糖漿〔Monin〕	10ml
安格式苦精	2dashes
鳳梨汁	100ml
萊姆汁＊	10 ～ 15ml

＊萊姆汁的量需視鳳梨的熟成程度來調整。搖製前請先確認味道。

採用波士頓搖酒器搖製，完成後連同冰塊一起倒入司令杯（sling glass）。

point─────────

○ 此酒譜的材料種類和份量皆不少，調製出來的雞

尾酒充滿熱帶風情且具整體感。大尺寸的波士頓搖酒器操作不易，請務必確實搖盪，使材料合而為一，調製出具整體感的味道。

○酒譜本身略為偏甜。請根據鳳梨的狀態，調整萊姆用量。

54. 鏽釘子　Rusty Nail

類型⑭

蘇格蘭威士忌〔Talisker 10 年〕	30ml
Drambuie 蜂蜜香甜酒	15ml

將材料放入聞香杯，確實混合均勻。然後倒入裝有冰塊的古典杯內，稍微攪拌。

point

○最理想的比例，是能夠在甜味厚重的 Drambuie 之中窺見 Talisker 的獨特個性。由於 Drambuie 的黏度高，所以需事先利用聞香杯進行預調。

55. 法蘭西集團　French Connection

類型⑭／p.52

白蘭地〔Frapin VSOP ／冷藏〕	30ml
Amaretto 杏仁香甜酒	15ml
布根地渣釀白蘭地（Marc de Bourgogne）	0.5tsp.

將材料放入聞香杯，確實混合均勻。接著倒入裝有冰塊的古典杯內，稍微攪拌。

point

○這款雞尾酒極其芳醇，白蘭地和杏仁香甜酒之間的絕配關係在此展現得淋漓盡致。添加渣釀白蘭地更進一步增添味道的深度和豐厚感。若以 Calvados 蘋果白蘭地替代白蘭地也同樣美味。

○這款雞尾酒的重點並非酒譜或技法，而是品牌的挑選（以及對於其狀態的判斷）。請於老酒剛到貨等時機，測試所調製之成品的差異。

56. 龍舌蘭日出　Tequila Sunrise

類型❸⑮

龍舌蘭〔Jose Cuervo Clasico ／冷凍〕	30ml
柳橙汁	60ml
紅石榴糖漿〔Monin〕*	1tsp.

＊此時，最後添加的糖漿會往下沉。

以搖盪法搖製龍舌蘭和柳橙汁，斟入裝有冰塊的小型高球杯。將紅石榴糖漿倒入同一個搖酒器並稍微搖盪，然後斟入方才的高球杯。

point

○完成第一次搖盪後，打開同一個搖酒器的頂蓋，從過濾蓋上倒入紅石榴糖漿，輕輕搖盪 5 ～ 6 次。

○最後才加入的紅石榴糖漿，會因為重量往下沉，形成界線漂亮的漸層。使用同一個搖酒器的目的在於冷卻紅石榴糖漿，以及透過冰塊溶水達到降低濃度的效果。此外，搖酒器內尚殘留些許酒液，此舉有助於連結味道，即使不附攪拌棒，也能在飲用過程中自然混合。

57. 壯麗日出　Great Sunrise

類型❷⑫／p.54

伏特加〔Absolut Berri Açaí〕	30ml
水蜜桃香甜酒〔Peachtree〕	10ml
葡萄柚糖漿〔Monin〕	10ml
百香果果泥〔Monin〕	15ml
芒果汁〔Caraïbos〕	10ml
沛綠雅氣泡水〔Perrier〕	15ml
酒漬櫻桃（Maraschino cherry）	1 顆

採用搖盪法混合沛綠雅以外的材料，斟入雞尾酒杯，接著倒入沛綠雅。最後放入酒漬櫻桃，擺上裝飾物（柳橙果皮、檸檬果皮、蘋果、酒漬櫻桃、鳳梨葉）。

point

○壯麗日出是我在 2011 年世界盃調酒大賽中獲得總冠軍的原創雞尾酒。那一年發生東日本大震災，我抱持著祈求災後重建順利的心情，調製出這款期許能重拾開朗精神的熱帶風味雞尾酒。並以裝飾物展現象徵日本的櫻花。

58. 獅子座　Leon

類型❷

蘭姆酒〔Bacardi Blanca ／冷凍〕	30ml
百香果香甜酒〔Kingston〕	20ml
杏仁香甜酒糖漿〔Monin〕	10ml
紫蘇香甜酒	略少於 5ml
檸檬汁	略多於 5ml

採用搖盪法搖製，並斟入雞尾酒杯。

萊姆汁	15ml
糖漿〔Carib〕	5ml
和三盆糖	1tsp.
櫻桃香甜酒〔Luxardo Maraschino〕	1tsp.
薄荷葉	適量
吸管	1 根

混合細粒碎冰和材料，並利用電動攪拌器進行攪拌。接著斟入冰鎮過的雞尾酒杯，再裝飾上薄荷及吸管。

point—

○重點在於萊姆（酸）和糖（甜）之間的協調性。糖的部分是透過混合糖漿與和三盆糖來增添濃厚感。由於加了冰塊且口感沁涼，所以在調製時使味道稍微偏甜一點，反而能使雞尾酒喝起來恰到好處。

○關於細粒碎冰，請特別注意所謂的「適量」會因為所使用的電動攪拌器而改變。也可以先以少量攪打，假如質感看起來太稀，再補足冰塊。適量的細粒碎冰就和「法國料理中醬汁的奶油量」一樣難以掌握。

○若說壯麗日出是世界第一的雞尾酒，獅子座即是以日本第一之姿發光發熱的雞尾酒。主題為獅子座流星雨，並以蘭姆酒和百香果調製出充滿南洋風情的滋味。構思源自於夏季星座。

59. 蕃茄馬丁尼　Tomato Martini

類型 ❻

琴酒〔London Hill／冷凍〕	50ml
水果蕃茄	60g
羅勒葉	1/2 片
特級初榨橄欖油	1tsp.
玻利維亞岩鹽	鹽口杯用

將材料放入波士頓搖酒器，以搗棒搗輾。放入冰塊並以搖盪法搖製，接著透過雙層濾網斟入以岩鹽製作鹽口杯的大尺寸雞尾酒杯。

point—

○擁有義大利風味的馬丁尼。

○將材料放入波士頓搖酒器的品脫玻璃杯，以搗棒搗輾並混合。水果蕃茄的狀態會左右成品好壞，因此請選用果實已經熟軟且飽含果汁的水果蕃茄。

60. 金色夢幻　Golden Dream

類型 ⓮ ❺

藥草香甜酒〔Licor 43〕＊	略少於 20ml
君度橙酒	15ml
柳橙汁	略多於 10ml
鮮奶油（47% 打至 9 分發）	28g

＊這裡使用 Licor 43 替代 Galliano 香甜酒。

將打至 9 分發的鮮奶油與材料混合。採用慢速搖盪法調製，並斟入淺碟形香檳杯。

point—

○以柳橙搭配鮮奶油，調製出宛如優格的味道。飲用完畢後杯內會殘留泡沫，因此請於最後送上湯匙。

61. 霜凍黛克瑞　Frozen Daiquiri

類型 ⓰／p.54

| 蘭姆酒〔Bacardi Blanca／冷凍〕 | 45ml |

62. 威士忌沙瓦　Whisky Sour

類型 ⓱ ❹／p.54

波本威士忌〔Bulleit Bourbon〕	略多於 45ml
檸檬汁	略少於 15ml
糖漿〔Carib〕	2tsp.
蛋白	1 個的量
安格式苦精	3dashes
檸檬果皮	1 片

先以電動攪拌器攪拌，再使用搖盪法搖製，透過雙層濾網斟入淺碟形香檳杯。接著滴入 3 dashes 的苦精，並用雞尾酒酒籤從中劃過做出花樣，最後噴灑上檸檬皮油。

point—

○這款雞尾酒內含蛋白，屬於口感輕柔的風格。先以電動攪拌器預調材料後，再利用加入扭轉動作的搖盪法來釋出波本威士忌的香氣，最後以濾茶網過濾。

新鮮食材
處理要點及雞尾酒應用範例

解說者：宮之原拓男

檸檬

A

一年四季。產地為美國加州等。果皮應具光澤、
緊實且水潤，拿在手中可以感覺到果肉間的白色
部分很薄。表皮凹凸不平代表水分少，應當避免
選購。倘若果皮已拿去供擠皮油使用，剩餘的果
實部分請用保鮮膜包好，並放入不會直接對著出
風口的冰箱蔬果室等待後熟（請參考第 75 頁）。
一般而言，皆是在收到點單後再榨取果汁，以保
留濃郁香氣。

B

❶ 果皮…馬丁尼等。
　果汁…經典短飲型雞尾酒、伏特加利克。

❷ 果皮…凱皮洛斯卡等。
　果汁…經典短飲型雞尾酒。
　　　　凱皮洛斯卡（奇異果）、原創 a（鳳梨、香
　　　　芹、羅勒）等。

❸ 果皮…無。
　果汁…用以整合水果雞尾酒的味道（補充酸味）。
　　　　側車、雪白佳人、威士忌沙瓦（蛋白）、
　　　　原創 b（木瓜、椰子、牛奶）、原創 c（香
　　　　蕉、咖啡豆，第 84 頁）、原創 d（奇異果、
　　　　香菜、龍舌蘭、植物龍舌蘭）等。

萊姆

A

一年四季。產地為墨西哥等。基本上相同於檸檬。請挑選尺寸大一點的，並以保鮮膜包裹，冷藏保存。使用時再用水清洗，並且注意不要傷到果皮。

B

❶ 果皮…琴湯尼等。

果汁…琴蕾、琴萊姆、琴湯尼、莫斯科騾子等。如欲投入酒杯中，請先以餐巾仔細擦拭表皮（請參考第 79 頁）。

❷ 果皮…琴利克等。

果汁…琴利克（迷迭香）、莫吉托（薄荷，第 85 頁）等，調製時會投入酒杯中，因此需稍微擦拭表皮；往日情懷則無需擦拭表皮。原創 a（石榴、柳橙、紅糖）等。

❸ 果皮…無。

果汁…用以整合水果雞尾酒的味道（補充酸味）。琴蕾、瑪格麗特、傑克玫瑰（石榴）、莫斯科騾子（薑，第 82 頁）、原創 b（哈密瓜、薄荷、椰子）、原創 c（火龍果、檸檬草，第 93 頁）等。

柳橙

A

一年四季。產地為美國佛羅里達等。基本上相同於檸檬。

B

❶ 果皮…內格羅尼、曼哈頓、往日情懷等。

❷ 果皮…薄荷茱莉普等。

果汁…用以整合水果雞尾酒的味道。原創 a（石榴、肉桂）、原創 b（鳳梨、椰子）等。

❸ 果皮…無。

果汁…作為柳橙金巴利、含羞草等的材料。原創 c（百香果、肉桂、薄荷，第 88 頁）、原創 d（芒果、薄荷、優格）等。

葡萄柚

A

一年四季。產地為美國佛羅里達、南非等。基本上相同於檸檬。通常會經過 2 ～ 3 週以上的後熟才使用。

B

❶ 果皮…無。由於葡萄柚要整顆一起後熟，所以不會取用果皮。

❷ 果皮…白色內格羅尼等。

果汁…清爽型的水果雞尾酒。白色含羞草等。

❸ 果皮…無。

果汁…鹹狗、帕洛瑪等。

柚子

A

夏季、冬季。產地為日本高知、德島。柚子特有的芳香會隨著後熟消逝，因此應於購入後馬上使用。

B

果皮…馬丁尼、琴湯尼（選用精釀琴酒）等。
果汁…原創 a（紫蘇）等。

金柑

A

冬季。產地為日本鹿兒島、宮崎。金柑果皮的「微苦滋味」是其美味的必備元素，而此苦味會隨著後熟消逝，因此應於購入後馬上使用。倘若以電動攪拌器攪打金柑，同樣會喪失其特有風味，因此請將其切開去籽，並利用搗棒等工具搗輾，整顆使用。

B

整顆…琴湯尼（第 91 頁）、馬丁尼（柚子）、伏特加湯尼（薑）等。

凸頂柑

A

冬季。產地為日本熊本。由於凸頂柑會在產地進行後熟和揀選，僅在糖度足夠時才會流通市面，所以會在購入後馬上使用。假如希望更進一步提升其濃縮度，也可以再稍微多放一陣子。

B

果汁…原創 a（連同果肉一起使用）等。

蕃茄

A

一年四季。選用 Amela 蕃茄。產地為日本靜岡、長野。這個品種兼具甜味、酸味，以及蕃茄特有的青澀滋味等，味道的層次豐富且具有濃縮感。尺寸小且皮薄者較容易運用。請待後熟至果蒂變色、果肉變軟後再使用（請參考第 76 頁）。

B

血腥瑪麗（山葵、醬油，第 83 頁）、原創 a（龍舌蘭、往日情懷風格）等。

小黃瓜

A

一年四季。選用外表刺疣明顯的新鮮小黃瓜，並以保鮮膜包裹，冷藏保存。

B

琴蕾（羅勒）、黛克瑞等。

西瓜

A

夏季。產地為日本熊本、茨城。味道濃郁、尺寸小的品種較易於運用。無需後熟。若用電動攪拌器攪打至完全變成泥狀，或是過濾掉果肉、只剩果汁，皆會導致特有香氣喪失，因此請保留口感。

B

鹹狗、馬丁尼（鹽）等。

草莓

A

冬季至春季。產地為日本福岡等。選用大顆且甜度高者。由於草莓皮薄、不耐乾燥，所以應於購入後立即使用。

B

李奧納多（第86頁）、往日情懷、瑪格麗特（鹽）等。

桃子

A

夏季。產地為日本山梨等。選用白桃。於常溫下放置約一週後熟後再行使用。稍微放置一段時間顏色會由白轉為帶紅，整顆果實變得緊實、表皮毛變少。待變成用手摸就能感覺到果肉十分柔軟的狀態，即可輕鬆用手剝去外皮，這麼一來也不會造成果汁浪費（請參考第78頁）。

B

貝里尼（第81頁）、原創 a（薄荷、琴酒）、原創 b（鹽、龍舌蘭）等。

葡萄

A

夏季至秋季。產地為日本山梨、長野。選用巨峰、麝香等品種。稍微放置一段時間待梗枯萎並變成褐色，就是味道凝縮合宜的時機（請參考第 76 頁）。

B

提吉亞諾（巨峰，第 90 頁）、皮斯可沙瓦（麝香）、原創 a（龍舌蘭或琴酒等烈酒）、原創 b（威士忌、白蘭地或棕色蘭姆酒等棕色烈酒）等。

柿子

A

秋季至冬季。產地為日本岐阜、和歌山等。選用「富有柿」等果肉會變得柔軟的品種。雖然需要後熟，但是假如過熟也會導致不易處理。

B

原創 a（第 92 頁）、原創 b（抹茶）等。

石榴

A

夏季至秋季。產地為美國加州等。果皮一開始呈現斑駁零星的粉紅色，需等待後熟至顏色發黑才能使用。用刀子去頭去尾後，再於水中撥開，即可在免於損傷果粒的情況下，完整地剝離（請參考第 79 頁）。

B

○現做紅石榴糖漿…混合石榴果肉（粒）2tbsp. 和糖粉 2tsp.（或糖漿 10ml），並以搗棒確實搗輾混合。可運用於傑克玫瑰等。
○用以整合雞尾酒的味道（往日情懷、馬丁尼等）。

無花果

A

夏季至秋季。產地為日本愛知等。請放置於不會直接吹到風的涼爽環境，等待後熟。後熟過程中整顆果實會慢慢變紅、變甜，尺寸也會縮小一圈。

B

原創 a（鹽、檸檬，第 89 頁）等。

香蕉

A

一年四季。產地為菲律賓、夏威夷等。置於常溫保存，直到表皮出現稱為糖斑的黑色斑點後再行使用（請參考第 76 頁）。通常只使用熟透味甜的香蕉，但有時也會特意取其熟成前的酸味。冷藏雖能延長保存期限，但是會使表皮整個變黑。

B

黛克瑞（咖啡豆、檸檬，第 84 頁）等。

百香果

A

初夏至秋季。產地為日本沖繩、鹿兒島、宮崎等。表皮帶光澤代表味道仍酸，需放置約一週左右，待其後熟至表皮變皺再使用（請參考第 77 頁）。

B

往日情懷（蘭姆酒，第 88 頁）等。

Index

M為宮之原的酒譜

VV0093

圖解雞尾酒技法

日本冠軍調酒師傳授正統調酒技法與味覺設計

從橫濱、銀座酒吧經典酒款到創意水果調酒，
76 支酒譜打穩基本功，調出自我流派。

原　書　名／カクテルの教科書
作　　　者／山田高史、宮之原拓男
譯　　　者／古又羽

總　編　輯／王秀婷
責 任 編 輯／張成慧
版　　　權／徐昉驊
行 銷 業 務／黃明雪

發　行　人／凃玉雲
出　　　版／積木文化
　　　　　　104台北市民生東路二段141號5樓
　　　　　　官方部落格：http://cubepress.com.tw/
　　　　　　電話：(02) 2500-7696　　傳真：(02) 2500-1953
　　　　　　讀者服務信箱：service_cube@hmg.com.tw

發　　　行／英屬蓋曼群島商家庭傳媒股份有限公司城邦分公司
　　　　　　台北市民生東路二段141號5樓
　　　　　　讀者服務專線：(02)25007718-9　24小時傳真專線：(02)25001990-1
　　　　　　服務時間：週一至週五上午09:30-12:00、下午13:30-17:00
　　　　　　郵撥：19863813　　戶名：書虫股份有限公司
　　　　　　網站：城邦讀書花園　網址：www.cite.com.tw

香港發行所／城邦（香港）出版集團有限公司
　　　　　　香港灣仔駱克道193號東超商業中心1樓
　　　　　　電話：852-25086231　　傳真：852-25789337
　　　　　　電子信箱：hkcite@biznetvigator.com

馬新發行所／城邦（馬新）出版集團
　　　　　　Cite (M) Sdn Bhd
　　　　　　41, Jalan Radin Anum, Bandar Baru Sri Petaling,
　　　　　　57000 Kuala Lumpur, Malaysia.
　　　　　　電話：603-90578822　　傳真：603-90576622
　　　　　　email: cite@cite.com.my

美術設計／曲文瑩
製版印刷／上晴彩色印刷製版有限公司

城邦讀書花園
www.cite.com.tw
Printed in Taiwan.

Kakuteru no Kyokasho
©2018 Takafumi Yamada, Takuo Miyanohara
Chinese translation rights in complex characters arranged with
SHIBATA PUBLISHING Co., Ltd.
through Japan UNI Agency, Inc., Tokyo

2020年6月4日 初版一刷
2022年9月5日 初版二刷

定價／550元　ISBN 978-986-459-228-9　

日文原書協力人員

攝影／大山裕平
插畫／芦野公平
藝術指導／岡本洋平
設計／岡本デザイン室
採訪、撰文／いしかわあさこ、
柴田書店編集部
編輯／池本惠子（柴田書店）

山田高史

負責篇幅：P.6~64、P.94~96、P.100~119

◇ Bar Noble
　神奈川県横浜市中区吉田町 2-7
　VALS 吉田町 1F
　TEL：045-243-1673
　營業時間：18:00 ～ 1:30

◇ Grand Noble
　神奈川県横浜市中区吉田町 12-2
　パークホームズ横浜関内 101
　TEL：045-315-2445
　營業時間：19:00 ～ 2:30

宮之原拓男

負責篇幅：P.66~93、P.97~105、P.120~125

◇ BAR ORCHARD GINZA
　東京都中央区銀座 6-5-16 三楽ビ
　ル 7 階
　TEL：03-3575-0333

國家圖書館出版品預行編目（CIP）資料

圖解雞尾酒技法 / 山田高史, 宮之原拓男著；古又
羽譯. -- 初版. -- 臺北市：積木文化出版：家庭傳媒
城邦分公司發行, 2020.06 / 128面；18.2×25.7公分
譯自：カクテルの教科書
ISBN 978-986-459-228-9(平裝)

1.調酒
427.43　　　　　　　　　　　　　　109005987